职业教育新形态一体化教材

C语言程序设计

主　编　秦　平
副主编　刘　琴

内容提要

本书共分9个模块，主要内容包括初识C语言、数据类型及转换、运算符和表达式、程序结构、数组、函数、指针、结构体和其他构造类型、文件。

本书既可作为职业教育C语言程序设计课程的教材，也可作为对C语言程序设计感兴趣的读者的参考用书。

图书在版编目(CIP)数据

C语言程序设计 / 秦平主编. — 上海 ：上海交通大学出版社，2022.9(2024.7重印)

ISBN 978-7-313-27308-6

Ⅰ. ①C… Ⅱ. ①秦… Ⅲ. ①C语言—程序设计 Ⅳ. ①TP312.8

中国版本图书馆CIP数据核字(2022)第176358号

C语言程序设计

C YUYAN CHENGXU SHEJI

主　　编：秦　平

出版发行：上海交通大学出版社　　地　　址：上海市番禺路951号

邮政编码：200030　　电　　话：021-64071208

印　　制：三河市骏杰印刷有限公司　　经　　销：全国新华书店

开　　本：787 mm×1 092 mm　1/16　　印　　张：13.5

字　　数：241千字

版　　次：2022年9月第1版　　印　　次：2024年7月第3次印刷

书　　号：ISBN 978-7-313-27308-6

定　　价：39.80元

Preface 前言

C 语言是目前国内外使用比较广泛的一种计算机语言，其语言功能丰富、表达能力强、使用灵活方便、应用面广、目标程序效率高、可执行性强，既具有高级语言的优点，又具有低级语言的特点，因此可称为“中级语言”，是编制系统软件和应用软件的首选语言。

本书以全国计算机等级考试的要求为依据，详细地介绍了 C 语言的基础知识、编程方法以及 Visual C++ 2010 学习版的开发环境，旨在帮助学生建立起 C 语言的编程思想，熟练掌握使用 C 语言编程的方法。

本书建议教学学时为 52 学时，如下表所示：

序　号	模块内容	学　时
1	初识 C 语言	4
2	数据类型及转换	8
3	运算符和表达式	6
4	程序结构	8
5	数组	6
6	函数	6
7	指针	4
8	结构体和其他构造类型	6
9	文件	4
合计		52

本书具有以下特点：

（1）本书贯彻党的二十大精神，落实立德树人根本任务，从职业院校学生的认知特点出发，坚持教育与产业、课程内容与职业标准、教学过程与生产过程的深度对接。

(2)基于软件开发流程和行业实用技术确定课程的知识框架、职业能力目标和职业素质目标。

(3)在编写过程中,兼顾C语言程序设计的特点和学生的认知规律,强调渐进的程序设计过程,并突出基本能力的训练,语言简练,内容实用。

(4)安排了许多实训例题,供学生随学随练,以便更好地掌握C语言程序设计的技能。

本书由秦平任主编,刘琴任副主编。由于编者水平有限,书中难免存在不足之处,希望读者提出意见和建议。

编　者

Contents 目 录

模块1 初识C语言

在众多程序设计语言中,C语言以其灵活性和实用性受到了广大计算机应用人士的喜爱。其语法简洁、紧凑,使用方便、灵活,具有丰富的运算符和数据类型,程序的模块化主要通过函数实现。由于C语言既有高级语言的功能,又有低级语言的一些功能,它既可以用来编写系统软件,也可以用来编写应用软件,因此在操作系统、工具软件、图形图像处理软件、数值计算、人工智能和数据库系统等多个领域都得到了广泛应用。目前,许多开发工具(如微软的Visual C++等)都遵循标准C语言的基本语法,很多嵌入式系统都采用C语言来开发。

1.1 计算机语言发展简介

1.1.1 计算机语言概述

计算机语言的种类非常多,总的来说,可以分成机器语言、汇编语言和高级语言三大类。

1. 机器语言

机器语言是由0、1组成的机器指令的集合,是第一代计算机语言。计算机所使用的是由0和1组成的二进制数,二进制是计算机语言的基础。计算机发明之初,人们只能写出一串串由0和1组成的指令序列交由计算机执行,这种计算机能够认识的语言,就是机器语言。机器语言难读、难记、难写,容易出错,且不同机型互不兼容。

2. 汇编语言

为了减轻使用机器语言编程的烦琐,人们进行了一种有益的改进,用一些简洁的英文字母、符号串来替代一个特定指令的二进制串。例如，用 ADD 代表加法，用 MOV 代表数据传递等，使程序比较直观，易于阅读和理解，更容易实现纠错及维护，这种程序设计语言称为汇编语言，即第二代计算机语言。然而计算机是不认识这些符号的，这就需要一个专门的程序，负责将这些符号翻译成二进制数的机器语言，这种翻译程序称为汇编程序。

汇编语言同样十分依赖于机器硬件，移植性不好，但效率很高。针对计算机特定硬件而编制的汇编语言程序，能准确发挥计算机硬件的功能和特长，程序精简且质量高，所以至今仍是一种常用且强有力的软件开发工具。

3. 高级语言

从最初与计算机交流的经历中，人们意识到应该设计一种语言，这种语言接近于数学语言或人的自然语言，同时又不依赖于计算机硬件，编出的程序能在所有机器上通用。经过努力，1954 年，第一个完全脱离机器硬件的高级语言——FORTRAN 问世了。这些年来，共有几百种高级语言出现，有重要意义的有几十种，影响较大、使用较普遍的有 FORTRAN、ALGOL、COBOL、BASIC、LISP、PL/1、Pascal、C、PROLOG、C++、VC、VB、Java 等。

高级语言的发展也经历了从早期语言到结构化程序设计语言，从面向过程到非过程化程序语言的过程。相应地，软件的开发也由最初的个体手工作坊式的封闭式生产，发展为产业化、流水线式的工业化生产。

高级语言的下一个发展目标是面向应用，也就是说，只需要告诉程序你要干什么，程序就能自动生成算法，自动进行处理，这就是非过程化的程序语言。

1.1.2 C 语言概述

1. C 语言的发展

在 C 语言诞生以前，系统软件主要是用汇编语言编写的。汇编语言程序依赖于计算机硬件，其可读性和可移植性都很差，但一般的高级语言又难以实现对计算机硬件的直接操作。直到 1970 年，美国贝尔实验室的 Ken Thompson 设计出了简单且很接近硬件的 B 语言，并用 B 语言写了第一个 UNIX 操作系统。1972 年至 1973 年，美国贝尔实验室的 D. M. Ritchie 在 B 语言基础上设计出了 C 语言。1973 年，Ken Thompson 和 D. M. Ritchie 合作把 UNIX 的 90%以上用 C 语言改写，即 UNIX 第五版。

虽然后来对C语言进行了多次改进,但主要还是在贝尔实验室内部使用。直到1975年UNIX第6版公布后,C语言的突出优点才引起人们的注意。1977年出现了不依赖于机器的C语言编译文本可移植C语言编译程序,使C语言移植到其他机器时所需做的工作大大简化,这也推动了UNIX操作系统迅速地在各种机器上的实现。1978年以后,C语言已先后移植到大、中、小、微型机上,已独立于UNIX和PDP。

1983年,美国国家标准协会(American National Standards Institute,ANSI)根据C语言问世以来各种版本对C语言的发展和扩充,制定了新的标准,称为ANSI C。1987年,ANSI又公布了C语言新标准,即87 ANSI C。1990年,国际标准化组织(International Organization for Standardization,ISO)接受了87 ANSI C为ISO C的标准。目前流行的C编译系统都是以它为基础的,本书的叙述基本上以87 ANSI C为基础。

目前流行的C语言编译器有Microsoft C/C++、Borland C/C++、Visual C++ 6.0、Win-TC、Turbo C/C++ for Windows集成实验与学习环境等,各种版本基础部分是相同的,但略有差异,因此应了解所用计算机系统配置的C编译系统的特点和规定。

2.C语言的特点

C语言之所以能存在和发展并具有生命力,在于它有不同于其他语言的特点。C语言的主要特点如下:

(1)简洁、紧凑。C语言一共只有32个关键字,9种控制语句。

(2)运算符丰富。C语言共有44种运算符。它把括号、赋值、强制类型转换等都作为运算符处理,从而使C语言的运算类型极其丰富,表达式多样化。

(3)具有丰富的数据类型。C语言具有整型、实型、字符型、数组类型、指针类型、结构体类型等数据类型,能方便地构造更加复杂的数据结构,如链表、树、栈等。

(4)C语言是一种结构化的程序设计语言。C语言具有结构化的控制语句(如if、switch、for、while、do…while),用函数作为程序的模块单位,便于实现程序的模块化。

(5)语法限制不严格,程序设计灵活。例如,C语言不检查数组下标越界,C语言不限制数据转化,不限制指针的使用,程序正确性由程序员保证。灵活和安全是一对矛盾,对语法限制的不严格可能也是C语言的一个缺点,黑客可能使用越界的数组攻击用户的计算机系统。

(6)能进行位操作,可以直接对部分硬件进行操作。例如,C 语言可以直接操作计算机硬件,如寄存器、各种外设 I/O 端口等;C 语言的指针可以直接访问内存物理地址;C 语言类似汇编语言的位操作可以方便地检查系统硬件的状态。

(7)可移植性好。用 C 语言编写的程序基本上不需要修改或只需要少量修改就可以移植到其他计算机系统或操作系统中。

(8)C 语言编译后生成的目标代码质量高,程序的执行效率高。

1.2 C 程序介绍

C 程序是由 C 语言的若干语句序列组成的。为了了解 C 程序的结构特点,先看几个 C 程序,虽然有关内容还未介绍,但可以从这些例子中了解一个 C 程序的基本构成。

1.2.1 C 程序的总体结构

【例 1-1】 输入矩形的两条边长,求矩形的面积。

程序代码如下:

```
#include "stdio.h"                  /*头文件(含输入/输出函数)*/
main()                              /*主函数*/
{
float a,b,area;                     /*变量声明*/
scanf("%f %f",&a,&b);               /*键盘输入数据给变量*/
area=a*b;                           /*计算*/
printf("area=%f\n",area);           /*输出变量的值至显示器*/
}
```

【例 1-2】 通过函数调用求两个数中的较大值。

程序代码如下:

```
#include "stdio.h"              /*头文件(含输入/输出函数)*/
int max(int x,int y)            /*求两个整数中较大的数 */
{
```

```
return (x>y? x:y);              /*返回x、y中的较大值,通过max带回调用处*/
}
main()                          /*主函数*/
{
int a,b,c;                      /*声明部分,定义变量*/
scanf("%d%d",&a,&b);            /*键盘输入数据给变量*/
c=max(a,b);                     /*调用max,将调用结果赋给c */
printf("max=%d",c);             /*输出变量的值至显示器*/
}
```

注意:【例 1-2】中包括两个函数,即主函数 main 和调用函数 max,max 的作用是求任意两个整数中的较大值。

一个 C 程序可由以下几部分组成:

(1)文件包含部分。

(2)预处理部分。

(3)变量说明部分。

(4)函数原型声明部分。

(5)主函数部分。

(6)函数定义部分。

关于程序的结构的说明如下:

(1)并不是所有的 C 程序都必须包含上述的 6 个部分,一个最简单的 C 程序可以只包含文件包含部分和主函数部分这两部分。

(2)main 函数(主函数)是每个程序执行的起始点。一个 C 程序总是从 main 函数开始执行,并在 main 函数中结束。main 函数的书写位置是任意的,可以将 main 函数放在整个程序的最前面,也可以放在整个程序的最后,或放在其他函数之间。

(3)一个函数由函数说明和函数体两部分组成。函数结构如下:

```
函数类型 函数名(形参表)
{
[声明部分]:在这部分定义本函数所使用的变量。
[执行部分]:由若干条语句组成命令序列。
}
```

当然,在某些情况下也可以没有声明部分,甚至可以既没有声明部分也没有执行部分。

注意：变量声明部分必须书写在执行部分之前。

(4)C 程序的每个语句都以分号(;)作为语句结束符。

视频
注释

(5)C 程序书写格式自由，一行可以写几个语句，一个语句可以写在多行上。

(6)可以用“/ * …… * /”对程序任何部分做注释，以增加可读性。注释内容要写在“/ * ”和“ * /”之间。注释部分允许出现在程序中的任何位置。注释部分只是用于阅读，对程序的运行不起作用。C 语言中的注释不允许嵌套。注释可以用西文，也可以用中文。使用注释是编程人员的良好习惯，注释也是重要的交流工具。

(7)C 语言本身不提供输入/输出语句，输入/输出操作是通过调用库函数 scanf 和 printf 等来完成的。

1.2.2 C 程序的书写规则

C 程序的书写格式遵循以下原则：

(1)函数是构成 C 语言程序的基本单位。也就是说，C 语言是由一个或多个函数组成的。

(2)C 语言程序总是从主函数 main()开始执行。main()函数可以放在程序的任意位置。通常把它放在其他函数的最前面，便于阅读。

(3)函数体必须用一对大括号{}括起来。一个函数至少有一对大括号，如果有多对大括号，则最外一层的一对为函数体的范围。

(4)C 程序书写格式自由。一行内可以写多条语句，一条语句也可以写在多行上，用 “\”作为续行符；语句或变量说明的最后必须有一个分号“;”，它是语句或变量说明的结束标志；可以利用“/ * …… * /”对 C 语言程序中的任何部分做注释。

(5)在 C 语言程序中，要严格区分字母的大小写。C 语言程序的书写习惯是使用小写英文字母。

1.3 C 程序的开发过程

C 语言是一种编译型的程序设计语言。用 C 语言开发程序，需要一个开发环境。目前流行的集成环境有 Borland Turbo C 或称 Turbo C、Visual C++、Dev-C++、Win-TC、Borland C++。本节以 Visual C++ 2010 学习版为开发环境介绍 C 程序的上机操作过程。

1.3.1 C 程序的实现过程

测试题

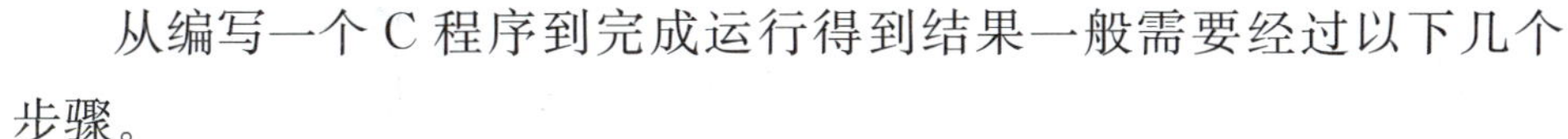

从编写一个 C 程序到完成运行得到结果一般需要经过以下几个步骤。

1. 编辑

编辑是将源程序通过键盘逐个字符输入计算机内存，并加以修改，最后以文本文件的形式保存到磁盘文件中，其文件扩展名为“. c”。

2. 编译

编译是将已编辑好的源程序翻译成二进制的目标代码。在编译时，要对源程序进行语法检查，如发现错误，则显示出错信息，此时应重新进入编辑状态，对源程序进行修改后再重新编译，直到通过编译为止，此时生成扩展名为“. obj”的同名目标文件。

3. 连接

连接是将各个模块的二进制目标代码与系统标准模块经过连接处理后，得到可执行文件，其扩展名为“. exe”。

4. 运行

直接运行可执行文件即可得到程序运行结果。通常，在 DOS 环境下直接输入可执行文件名，在 Windows 环境下双击可执行文件名即可运行程序。

1.3.2 在 Visual C++ 环境下实现 C 程序

1993 年，Microsoft 公司推出 Visual Studio 1. 0，此后新版本不断问世。虽然 Visual Studio 经历了诸多版本的改进升级，但是 Visual Studio 6. 0 以后的 C++ 没有多大的变化。随着 C++ 新标准的公布，Visual Studio 2010 在 C++ 开发方面带来了很多革命性的变化。由于最新的计算机等级考试（二级 C）的环境改成了 Visual C++ 2010 学习版，下面介绍在 Visual C++ 2010 学习版环境下如何实现 C 程序。

1. 安装 Visual C++ 2010 学习版

在配套资源中找到 Visual C++ 2010 学习版安装包并按步骤安装。

在 Windows 系统中执行“开始”→“ Microsoft Visual C++ 2010 Express”命令，即可启动 Visual C++ 2010 学习版开发环境，其主界面如图 1-1 所示。

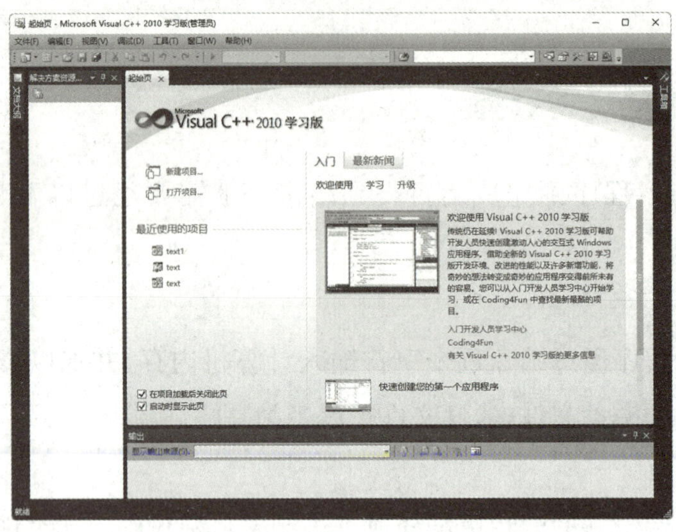

图 1-1　Visual C++ 2010 学习版主界面

2. 在 Visual C++ 2010 学习版中实现 C 程序

1)创建项目

执行“文件”→“新建”→“项目”命令，弹出“新建项目”对话框，如图 1-2 所示。在“新建项目”对话框中，选择“Visual C++”→“空项目”选项，在下边的“名称”文本框中输入项目名称，如“text”，选择项目路径，单击“确定”按钮，即可新建一个项目，如图 1-3 所示。

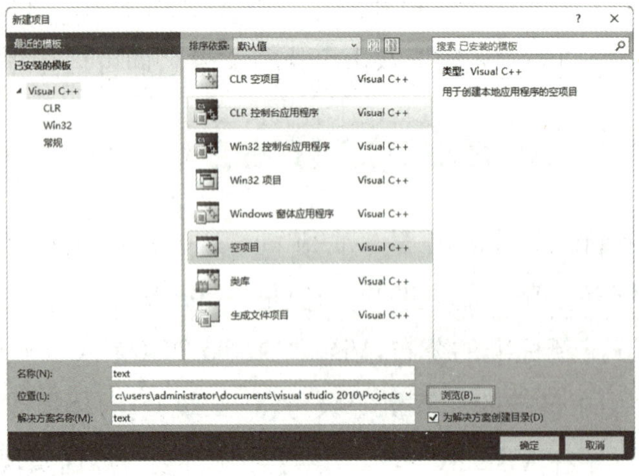

图 1-2　“新建项目”对话框

图 1-3 新 建 项 目

2)建立 C 文件

在新建项目窗口中的左侧找到新建的项目，如“text”，右击“text”下的“源文件”，在弹出的快捷菜单中执行“添加”→“新建项”命令，弹出“添加新项-text”对话框，如图 1-4 所示。

图 1-4 “添加新项-text”对话框

在中间窗格中选择“C++ 文件”选项，在下边的“名称”文本框中输入文件名，如

“text01. c”，选择文件的路径。单击“添加”按钮，进入代码编辑窗口。在代码编辑窗口中输入“text01. c”的源代码，如图 1-5 所示。

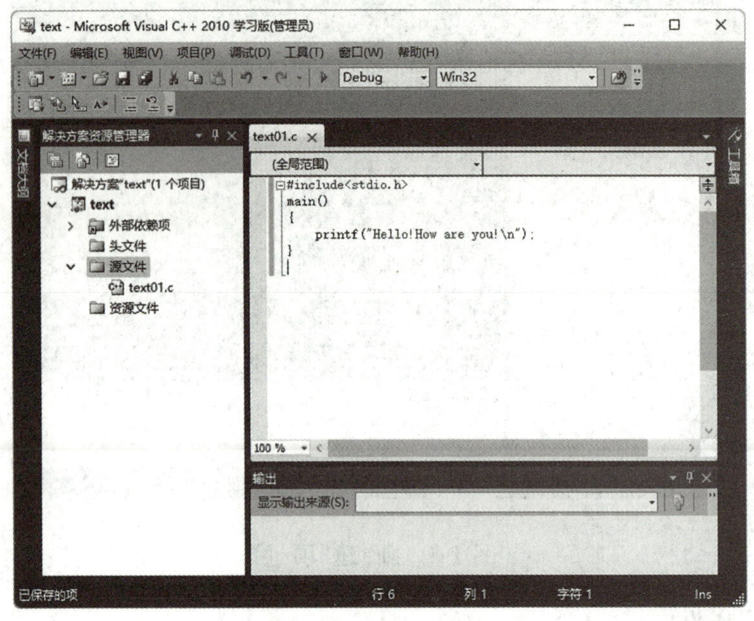

图 1-5　代码编辑窗口

3)生成并运行程序

将 C 源程序输入结束后，按 Ctrl+F5 组合键，弹出提示框，如图 1-6 所示。单击“是”按钮，若程序没有错误，则显示图 1-7 所示的结果。若程序有错误，则在代码编辑窗口下边的输出窗口中有错误提示，在代码编辑窗口中根据错误提示修改源代码，按 Ctrl+F5 组合键重新生成运行。

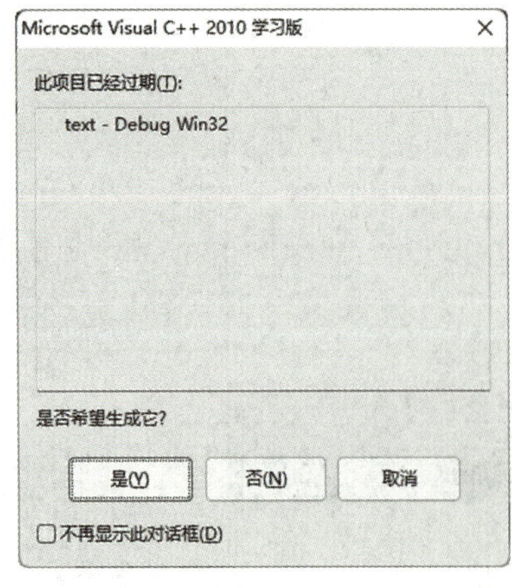

图 1-6　提　示　框

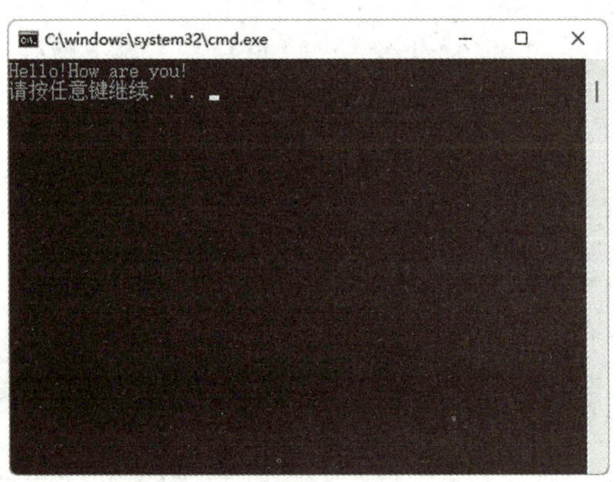

图 1-7　程序运行结果

注意：按 Ctrl+F5 组合键执行生成运行后，程序结果可能一闪而过无法看到。可以通过下面两种方法显示程序结果。

方法一：设置控制台显示。在代码编辑窗口中右击“text”，在弹出的快捷菜单中选择“属性”选项，弹出“text 属性页”对话框，如图 1-8 所示。在左侧列表中选中“配置属性”→“链接器”→“系统”选项，在右侧界面中将“子系统”值设置为“控制台(/SUBSYSTEM：CONSOLE)”。这样，再按 Ctrl+F5 组合键，程序执行结束就会停留在控制台界面，显示结果并提示“请按任意键继续…”。

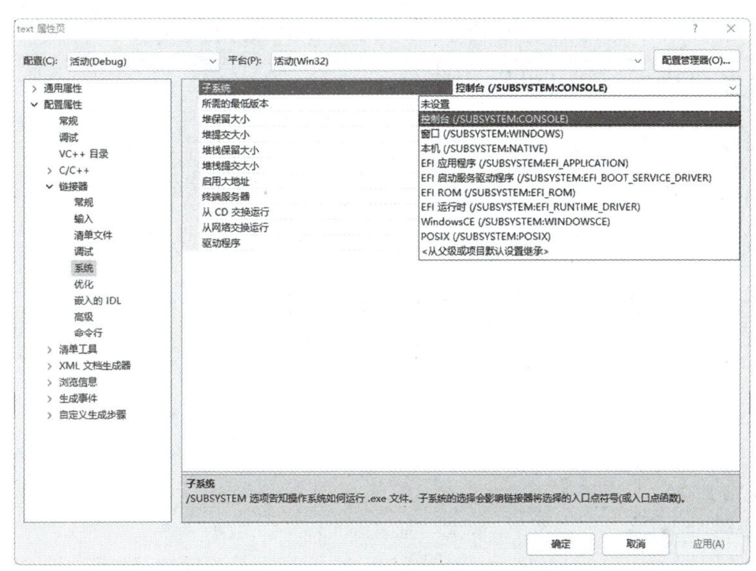

图 1-8 “text 属性页”对话框

方法二：添加代码。可以通过在程序最后添加代码“getch();”或“system("pause");”，以显示程序结果。使用“system("pause");”需要包含头文件“stdlib. h”，即“#include <stdlib. h>”。

总结反思

本模块主要考查 C 程序的构成与格式、C 程序的开发过程等。在 C 语言学习中作为基础知识，主要包含以下几点。

1. C 程序的构成

1)C 程序主要由函数构成

每一个 C 程序必须有且仅有一个 main 函数(主函数)。C 程序的执行总是从主函数开始，并在主函数中结束。主函数的书写位置是任意的，它可以调用任何非主函数；任何非主函数都可以相互调用，但是不能调用主函数。

2)一个函数由两部分构成

(1)函数的说明部分,包括函数类型(返回值类型)、函数名和形参表。

(2)函数体。函数体中包含变量声明部分和执行部分。

注意:变量声明部分必须书写在执行部分之前。

2.C 程序的书写规则

C 程序的书写格式自由,一行内可以写几个语句,一个语句也可以分写在多行。每个语句和数据定义的最后必须有一个分号。C 程序中的注释可以用"/ * "和" * /"括起来,注释可以在任何允许插入空格符的地方插入。C 程序中的注释不允许嵌套。注释可以用西文,也可以用中文。

3.C 程序的编译与执行

由 C 语句构成的指令序列称为 C 源程序,C 源程序经过 C 语言编译程序编译之后生成一个后缀为". obj"的二进制文件(称为目标文件);然后由连接程序把". obj"文件与 C 语言提供的各种库函数连接起来生成一个后缀为". exe"的可执行文件。在 DOS 状态下,输入此文件名字(不必输入后缀". exe")并按"Enter"键,该文件就可以执行。

习题

一、选择题

1. 用 FORTRAN 语言编制的源程序要变为目标程序,必须经过(　　)。

A. 汇编　　B. 解释　　C. 编辑　　D. 编译

2. C 语言程序的基本单位是(　　)。

A. 程序行　　B. 语句　　C. 函数　　D. 字符

3. 下列叙述中错误的是(　　)。

A. 计算机不能直接执行用 C 语言编写的源程序

B. C 程序经 C 编译程序编译后生成的后缀为". obj"的文件是一个二进制文件

C. 后缀为". obj"的文件经连接程序生成的后缀为". exe"的文件是一个二进制文件

D. 后缀为". obj"和". exe"的二进制文件都可以直接运行

4. C 语言源程序名的后缀是(　　)。

A. . exe　　B. . c　　C. . obj　　D. . cpp

5. 下列说法中正确的是(　　)。

A. 在书写 C 语言源程序时,每个语句均以逗号结束

B. 注释时,“/”和“ * ”之间可以有空格

C. 无论注释内容多少,在对程序编译时均被忽略

D. C 程序的基本组成单位是语句

二、编程题

在 Visual C++ 2010 中编写代码,已知一个圆的半径 $r=5.5$,求圆的面积。

模块2 数据类型及转换

C 语言的数据结构是以数据类型的形式出现的。在 C 语言中，每个数据都属于一个确定的数据类型，不同类型的数据在数据表示形式、合法的取值范围、占用内存空间大小以及可以参与的运算等方面有所不同。凡数据都必须有类型，变量在使用之前必须先进行类型说明，这是两条必须遵循的规则。本模块主要讲解数据类型、常量和变量、数据类型转换。

2.1 数据类型

数据是程序处理的对象。程序设计的过程就是数据加工和处理的过程。C 语言规定，程序中使用的每个数据都必须属于某种数据类型。数据类型是对程序所处理数据的一种抽象，通过类型名对数据赋予一些约束，以便进行高效处理和检查。这些约束包括以下几个方面：

(1)取值范围。每种数据类型对应不同的取值范围，即数据类型是数值的一个集合。

(2)存储空间大小。每种数据类型对应不同规格的字节空间。

(3)运算方式。数据类型是一个数据集合以及其上所带某种操作的集合。

C 语言提供了丰富的数据类型，主要有基本数据类型和导出数据类型，如图 2-1 所示。

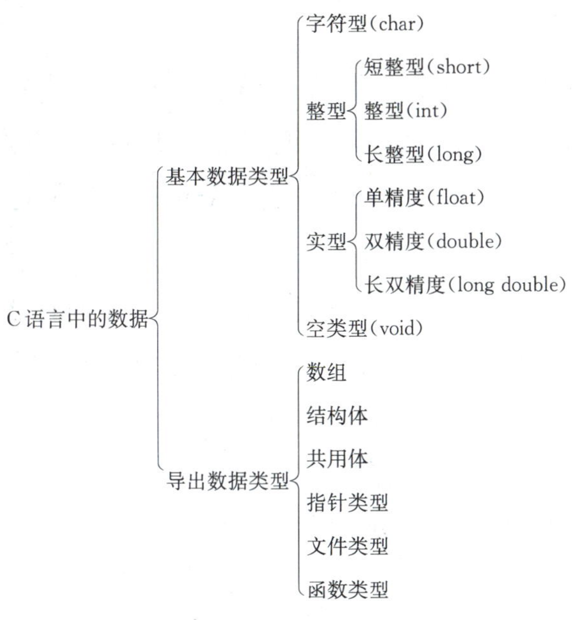

图 2-1 数 据 类 型

这种数据分类是从数据的存在形式上划分的，如果从变化的角度，C 语言中的数据还可分为常量和变量两类。

C 语言的基本数据类型有如下不同的类型：

(1)从长度上分，有 8 位、16 位、32 位和 64 位。

(2)从数据的符号来分，有无符号数和有符号数。

(3)按照数据的数学性质，分为整型、实型和字符型。

2.2 常量和变量

在 C 语言中基本数据有常量和变量之分，它们分别属于不同的数据类型。在程序中对用到的所有数据都必须指定其数据类型，常量可以不经说明而直接引用，变量则必须先定义后使用，而要标识一个常量或变量，必须采用合法的标识符。

2.2.1 标识符

任何一种语言都有自己的符号、单词以及语句的构成规则。C 语言作为计算机的一种程序设计语言，也有自己的字符集、标识符以及命名规则。用来标识变量名、符号常量名、函数名、数组名、类型名、文件名的有效字符序列称为标识符。

1. 关键字

C 语言系统设置的具有特定含义、专门用途的字符序列称为关键字。关键字不能作为其他用途，只能小写。例如，用来说明变量类型的标识符 int、double 以及 if 语句中的 if、else 等都已有专门的用途，它们不能再用作变量名和函数名。

2. 预定义标识符

所谓的预定义标识符，是指在 C 语言中预先定义并具有特定含义的标识符，如 C 语言提供的库函数的名字(如 printf)和预编译处理命令(如 define)等。C 语言允许把这类标识符重新定义另作他用，但这将使这些标识符失去预先定义的意义。鉴于目前各种计算机系统的 C 语言都一致把这类标识符作为固定的库函数或预编译处理中的专门命令使用，因此为了避免误解，建议用户不要把这类预定义标识符另作他用。

3. 用户标识符

由用户根据需要定义的标识符称为用户标识符，又称为自定义标识符。用户标识符一般用来给常量、变量、函数、数组、类型、文件等命名。

用户标识符命名规则如下：

(1)只能由字母、数字和下画线组成，且第一个字符必须为字母或下画线。

(2)有大小写之分，如 sum、SUM 和 Sum 是 3 个不同的标识符。在 C 程序中，变量名使用小写，常量名用大写，但并不绝对。

(3)ANSI C 没有限制标识符长度，但各个编译系统都有自己的规定和限制。有的系统取 8 个字符，Turbo C 则允许 32 个字符。

(4)标识符不能与关键字同名，最好也不与预定义标识符同名。

(5)标识符命名应当有一定的意义，做到见名知义，以增加程序的可读性。最好使用英文单词及其组合，便于记忆和阅读，尽量少用汉语拼音来命名。例如：

合法的用户标识符：a1、x2、s_1、s_2、_3、ggde2f_1。

不合法的用户标识符：df 1、1a、d@sina、s * b、+d。

2.2.2 常量

1. 整型常量

1)十进制整型常量

十进制整型常量由正负号和数字 0～9 组成，如－36、25 等。

2)八进制整型常量

八进制整型常量由正负号和数字 0～7 组成，且必须以 0 开头，如 025(对应十进制数为 $2\times8^1+5\times8^0=21$)等。

3)十六进制整型常量

十六进制整型常量由正负号、数字 0～9 和字母 A～F(不区分大小写)组成，且必须以 0x 开头，其中，字符 A～F 依次表示 10～15，如 0xd、0x15(对应十进制数为 $1\times16^1+5\times16^0=21$)等。

2. 实型常量

小数点是实数的标志。

测试题

1)十进制实型常量

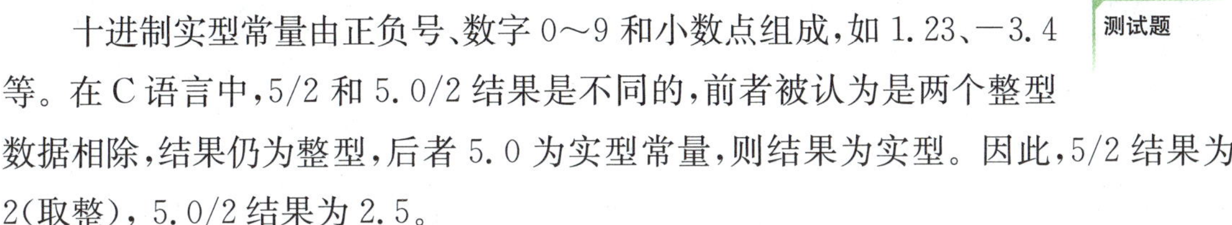

十进制实型常量由正负号、数字 0～9 和小数点组成，如 1.23、－3.4 等。在 C 语言中，5/2 和 5.0/2 结果是不同的，前者被认为是两个整型数据相除，结果仍为整型，后者 5.0 为实型常量，则结果为实型。因此，5/2 结果为 2(取整)，5.0/2 结果为 2.5。

2)指数形式的实型常量

指数形式的实型常量由正负号、数字 0～9、小数点和字母 E(不区分大小写)组成。其一般形式是 aEn。其中，a* 为 1～9 的实数，默认小数位为 6 位；E 为阶码标识，代表底数 10；n 为阶码，只能是十进制整数。例如：

0.11 写成指数形式就是 1.100000E-01，即 1.100000×10^{-1}。

125.6 写成指数形式就是 1.256000E+02，即 1.256000×10^{2}。

3. 字符常量

1)普通字符常量

由单引号引起来的单个字符就是普通字符常量，如 'A'，'a' 等。字符常量在内存中占 1 字节(B)的内存空间。

2)转义字符

转义字符由一个反斜杠“\”开头，不同于字符原有意义，因此被称为转义字符。常见的转义字符如下：

- \'：表示单引号字符，即 '。
- \"：表示双引号字符，即"。

---

* 为了与程序代码的表达一致，正文中的变量也用正体表示。

• \\：表示反斜杠字符，即\。

• \a：响铃。

• \b：退格。

• \n：换行。

• \f：换页。

• \r：回车。

• \t：到下一个制表位。

• \ddd：表示 3 位八进制数所代表的字符，如\101 $=1\times8^2+0\times8^1+1\times8^0=65$，对应字符 A（A 的 ASCII 码值为 65）。

• \xhh：表示 2 位十六进制数所代表的字符，如\x42 $=4\times16^1+2\times16^0=66$，对应字符 B（B 的 ASCII 码值为 66）。

4. 字符串常量

由一对双引号引起来的字符序列就是字符串常量，如"English""A"等。系统会自动给字符串常量加一个结尾符"\0"，因而字符串常量在内存中所占的空间为实际长度+1，故"A" 和 'A' 是完全不同的，"A"是字符串常量，在内存中占 2 B 的空间；'A' 是字符常量，在内存中占 1 B 的空间。

2.2.3 变量

变量是在程序的运行过程中其值可以改变的量。一个变量应该有一个名字，应该在内存中占据一定的存储单元，并在该存储单元中存放变量的值。

1. 变量的两个要素及定义

1）变量名

每个变量都必须有一个名字——变量名，在内存中占据一定的存储单元。变量命名遵循标识符命名规则。

2）变量值

在程序运行过程中，变量值存储在内存中。在程序中，通过变量名来引用变量的值。

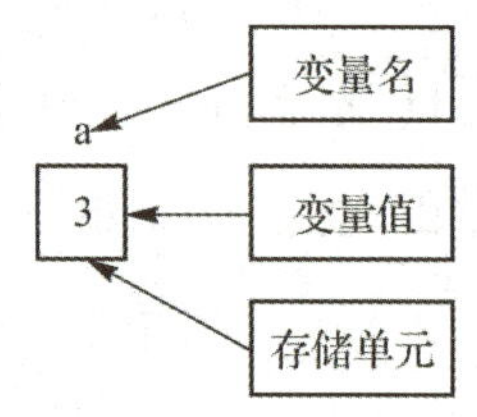

图 2-2 变量的两个要素

注意区分变量名和变量值两个不同的概念。如图 2-2 所示，变量名实际上是一个符号地址，在对程序编译链接时由系统给每一个变量名分配一个内存地址。程序从变

量中取值，实际上是通过变量名找到相应的内存地址，从其存储单元中读取数据。

3）变量的定义

在C语言中，要求对所有用到的变量，必须先定义后使用。

变量定义的一般格式如下：

```
[存储类型]数据类型 变量名1[，变量名2，……]；
```

例如：

```
float radius,length,area;
```

在C语言中，要求对所有用到的变量进行强制定义，这样做的目的如下：

（1）凡未被事先定义的，不作为变量名，这就能保证程序中变量名使用正确。例如，如果在定义部分写了

```
int student;
```

而在执行语句中错写成

```
staent=30;
```

在编译时检查出staent未经定义，不作为变量名。因此输出“变量staent未经声明”的信息，便于用户发现错误，从而避免变量名使用时出错。

（2）每一个变量被指定为一个确定类型，在编译时就能为其分配相应的存储单元。例如，指定a、b为int型，C编译系统为a和b各分配两个字节，并按整数方式存储数据。

（3）指定每一个变量属于一个类型，便于在编译时据此检查该变量所进行的运算是否合法。例如，整型变量a和b，可以进行求余运算：

```
a%b
```

%是求余，得到a/b的余数。如果将a、b指定为实型变量，则不允许进行求余运算，在编译时会给出有关出错信息。

2. 变量的初始化

所谓变量的初始化，就是在定义变量的同时给变量赋初值。可以给其中的一个变量赋值，也可以同时给多个变量赋值。例如：

```
int sum=0;
char ch1=a,ch2=b;
int a,b,c=10;
```

需要说明的是,变量的初始化不是在编译阶段完成的(除了静态存储变量和外部变量),而是在程序运行时才被赋值的。

【例 2-1】 变量的初始化与使用。

参考程序如下:

```
/* 变量的初始化 */
#include <stdio.h>
int main()
{
int a,b,c=10;
char ch1='A',ch2='a';
printf("%d\n",c);
printf("%c,%c\n",ch1,ch2);
return 0;
}
```

程序运行结果如图 2-3 所示。

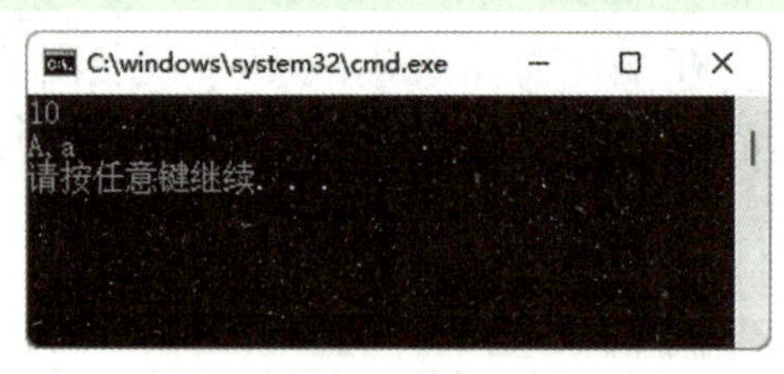

图 2-3 【例 2-1】运行结果

本程序中,“int a,b,c=10;”表示定义了 3 个整型变量,但只给变量 c 赋初值 10。如果要同时给 3 个变量赋值,可以采用如下形式:

```
int a,b,c;
a=b=c=10;
```

注意:

(1)在设计程序时,应当根据数据本身的特点和变化范围正确选择变量类型。

(2)在不同的 C 编译程序中,同一类型的数据所占的字节数可能有所不同,一般情况下,这种差异不会影响 C 程序的通用性。

3. 变量的分类

变量可分为整型变量、实型变量和字符变量。

1)整型变量

(1)整型数据在内存中的存放形式。

数值是以补码表示的:正数的补码和原码相同;负数的补码是将该数的绝对值的二进制形式按位取反再加 1。例如,求−10 的补码:

10 的原码:

0000000000001010

0	0	0	0	0	0	0	0	0	0	0	0	1	0	1	0

取反:

1	1	1	1	1	1	1	1	1	1	1	1	0	1	0	1

1111111111110101

再加 1,得−10 的补码:

0	0	0	0	0	0	0	0	0	0	0	0	1	0	1	0

由此可知,左边的第一位是表示符号的。

(2)整型变量的分类。

①基本型:类型说明符为 int,在内存中占 2 个字节。

②短整型:类型说明符为 short int 或 short。所占字节和取值范围均与基本型相同。

③长整型:类型说明符为 long int 或 long,在内存中占 4 个字节。

④无符号型:类型说明符为 unsigned。

⑤无符号型又可与上述 3 种类型匹配而构成:

a. 无符号基本型:类型说明符为 unsigned int 或 unsigned。

b. 无符号短整型:类型说明符为 unsigned short。

c. 无符号长整型:类型说明符为 unsigned long。

各种无符号类型变量所占的内存空间字节数与相应的有符号类型相同。但由于省去了符号位,不能表示负数。

有符号整型变量最大表示 32 767。

0	1	1	1	1	1	1	1	1	1	1	1	1	1	1	1

无符号整型变量最大表示 65 535。

1	1	1	1	1	1	1	1	1	1	1	1	1	1	1	1

在表 2-1 中列出了 C 语言中各类整型变量所分配的内存字节数及数的表示范围。

表 2-1　C 语言中各类整型变量所分配的内存字节数及数的表示范围

类型说明符	数的范围	字节数
int	−32 768～32 767,即 -2^{15}～$(2^{15}-1)$	2
unsigned int	0～65 535,即 0～$(2^{16}-1)$	2
short int	−32 768～32 767,即 -2^{15}～$(2^{15}-1)$	2
unsigned short int	0～65 535,即 0～$(2^{16}-1)$	2
long int	−2 147 483 648～2 147 483 647,即 -2^{31}～$(2^{31}-1)$	4
unsigned long	0～4 294 967 295,即 0～$(2^{32}-1)$	4

(3)整型变量的定义。整型变量定义的一般形式为

```
类型说明符　　变量名标识符,变量名标识符,……;
```

例如:

```
int a,b,c; (a,b,c 为整型变量)
long x,y; (x,y 为长整型变量)
unsigned p,q; (p,q 为无符号整型变量)
```

在书写变量定义时,应注意以下几点:

①允许在一个类型说明符后定义多个相同类型的变量。各变量名之间用逗号间隔。类型说明符与变量名之间至少用一个空格间隔。

②最后一个变量名之后必须以“;”号结尾。

③变量定义必须放在变量使用之前。一般放在函数体的开头部分。

(4)整型变量举例。

【例 2-2】 整型变量的定义与使用。

参考程序如下:

```
/* 整型变量的定义与使用 */
#include <stdio.h>
int main(){
int a,b,c,d;
unsigned u;
a=12;
```

```
b=-36;
u=10;
c=a+u;
d=b+u;
printf("a+u=%d,b+u=%d\n",c,d);
return 0;
}
```

程序运行结果如图 2-4 所示。

注意：不同种类的整型数据均可以进行算术运算。

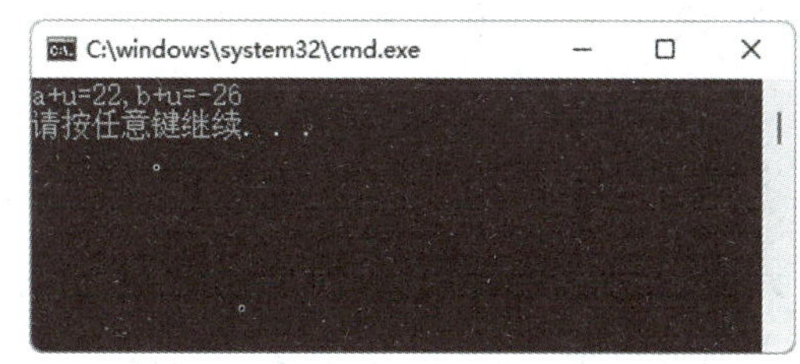

图 2-4　【例 2-2】运行结果

2）实型变量

（1）实型变量的分类。根据数值的范围可分为单精度（float）、双精度（double）和长双精度（long double）3 种类型。各种实型数据所占位数及数的范围如表 2-2 所示。

表 2-2　各种实型数据所占位数及数的范围

数据类型	有效数字	所占位数	数的范围
float	6～7	32	$-3.4\times10^{-38}\sim3.4\times10^{38}$
double	15～16	64	$-1.7\times10^{-308}\sim1.7\times10^{308}$
long double	18～19	128	$-1.2\times10^{-4932}\sim1.2\times10^{4932}$

注意：

（1）不同的编译系统，有效数字的位数是有区别的。

（2）在 C 语言中，实数都是有符号的，不可以使用无符号修饰符。

C 语言提供了一个测试某种数据类型所占存储空间大小的运算符 sizeof，其格式为

```
sizeof(类型标识符或数据)
```

例如：

```
sizeof(int)
```

当不了解所用编译系统中的某种数据类型的宽度时，可以使用这个运算符进行计算。

(2)实型数据的存储。一个实型数据一般在内存中占 4 个字节(32 位)。与整型数据的存储方式不同，实型数据是按照指数形式存储的。系统把一个实型数据分成小数部分和指数部分分别存放。指数部分采用规范化的指数形式。例如，实数 3.141 59 在内存中的存放形式可以用图 2-5 表示。

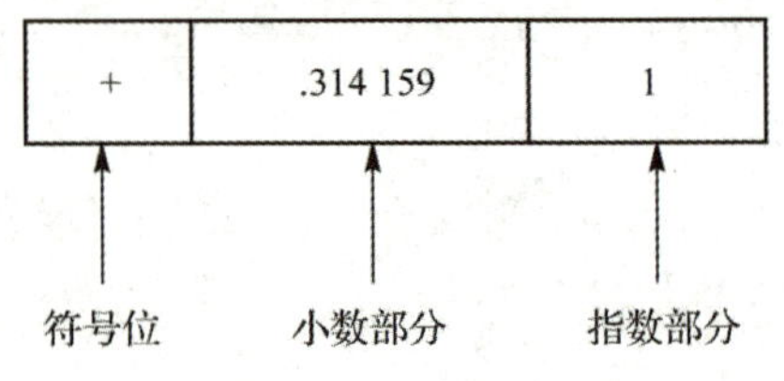

图 2-5　实数 3.141 59 在内存中的存放形式

图 2-5 中是用十进制数来示意的，实际上在计算机中是用二进制数来表示小数部分以及用 2 的幂次来表示指数部分的。

在 4 个字节中，究竟用多少位来表示小数部分，用多少位来表示指数部分，ANSI C 标准并无具体规定，由各 C 编译系统自定。不少编译系统以 24 位表示小数部分(包括符号位)，以 8 位表示指数部分(包括指数的符号)。小数部分占的位数越多，数的有效数字越多，精度越高。指数部分占的位数越多，则能表示的数值范围越大。

(3)实型变量的定义。在程序运行过程中可以改变其值的实型量称为实型变量。例如：

```
float x,y;        /* 定义 x 和 y 为单精度变量 */
double z;         /* 定义 z 为双精度变量 */
```

3)字符变量

(1)字符变量的定义。定义字符变量的一般形式如下：

```
char ch1,ch2;
```

视频

字符变量

上述代码定义 ch1 和 ch2 为字符变量，各能存储一个字符常量。可以用以下语句对 ch1 和 ch2 赋值：

```
ch1=a;ch2=b;
```

注意：一个字符变量只能存储一个字符常量。

(2)字符变量的存储。将一个字符常量放到一个字符变量中，并不是把该字符本身放到内存单元中去，而是将该字符的 ASCII 码放到存储单元中。

在C语言中，字符型数据和整型数据之间可以通用，即一个字符数据既可以字符形式输出，也可以整数形式输出。以字符形式输出时，需要先将存储单元中的ASCII码转换成相应的字符，然后输出。以整数形式输出时，直接将ASCII码作为整数输出。字符数据也可以进行算术运算，此时是对它们的ASCII码进行算术运算。例如：

```
ch2=ch1+1;
```

2.3 数据类型的转换

如果一个运算符两侧的运算量的类型不同，先要将它们转换成相同的类型，然后才能进行运算。不同类型的数据在进行赋值和混合运算时都需要进行类型转换。这种类型转换有两种方式：一种是隐式转换，另一种是显式转换。

2.3.1 数据类型的隐式转换

1. 赋值转换

当赋值运算符两边的类型不同时，C语言允许通过赋值运算符使赋值号右边表达式值的类型自动转换成其左边变量的类型。赋值转换具有强制性。

当将实型数据(包括单、双精度)赋给整型变量时，舍弃实数的小数部分。例如，i是整型变量，执行“i=5.68;”的结果是i的值为5。

当将整型数据赋给实型变量时，数值不变，但以实数形式存放到整型变量中。

2. 输出转换

例如，一个长整型数在格式输出函数printf()中指定用%d格式输出，相当于先将长整型数转换成整型再输出。

2.3.2 数据类型的显式转换

C语言提供了一种强制类型转换运算符，将一种类型的变量强制转换成另一种类型。例如，(int)3.5中“(int)”的作用是将实型数据3.5转换成整型。

强制类型转换是一种显式转换，其一般形式为

```
(类型标识符)表达式
```

其作用是把表达式的值转换成类型标识符指定的类型。

例如：

```
(double) a                          /*把 a 转换成 double 类型*/
(char)(8-3.14*x)                    /*得到字符型数据*/
(float)(x=99)                       /*得到单精度数据*/
k=(int)((int)x+(float)i+j)          /*得到整型数据*/
```

显式转换实际上是一种单目运算。各种数据类型的标识符都可以用作显式转换运算符,但必须用圆括号把类型标识符括起来,不能写成“int(3.56)”的形式。

需要注意的是,无论是隐式转换还是显式转换,仅仅是对变量或表达式的类型进行临时性的转换,并未改变原来变量或表达式的类型。例如,若 x 为实型变量且其值为 3.5,在执行“i=(int) x;”后得到了一个整数 3,并把它赋值给整型变量 i,但 x 仍为实型,其值为 3.5。

【例 2-3】 数据类型的转换。

参考程序如下：

```
/* 数据类型的转换 */
#include <stdio.h>
int main(){
int i;
float x=69.87;
float y;
i=(int)x;                           /*数据类型的显式转换*/
printf("i= %d\n",i);
printf("x= %f\n",x);
y=56;                               /*数据类型的隐式转换*/
printf("y= %f\n",y);
return 0;
}
```

程序运行结果如图 2-6 所示。

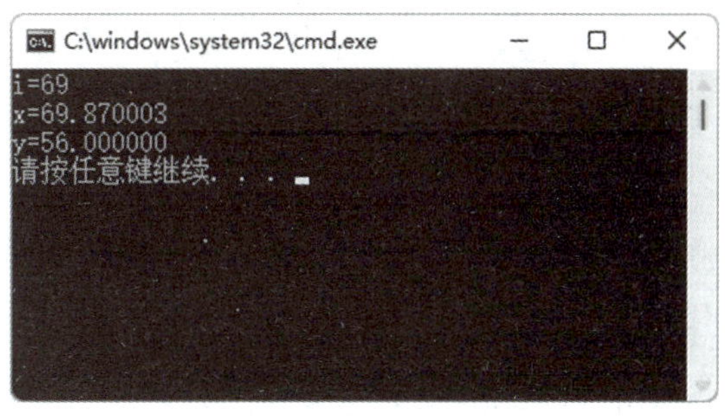

图 2-6 【例 2-3】运行结果

总结反思

本模块主要学习了基本数据类型、运算符和表达式。主要包含以下知识点。

1. 标识符

用户标识符只能由字母、数字和下画线组成，且第一个字符必须为字母或下画线。标识符的命名应该规范化，具体要根据下面几个原则来命名：

（1）选取有实际意义的标识符名称。

（2）标识符的名字不宜太长。必要时可以用一些缩写，有大小写之分。

（3）为了便于区分，不同的标识符不要取过于相似的名字。

（4）为了使说明部分阅读起来更加清晰，在对其进行类型说明时，应按照某种顺序对各种类型的变量进行集中说明，如先说明简单类型，再说明记录类型等；在使用一个说明语句对同一类型的多个变量进行说明时，按照变量名中的字母顺序进行排列。

2. 常量

1）整型常量

在 C 语言中，整型常量包括十进制整数、八进制整数（在八进制整数的前面加数字 0）、十六进制整数（在十六进制整数的前面加 0x）、长整型常量（在整数的后面加一个大写字母 L 或小写字母 l）。

2）字符常量

C 语言的字符常量代表 ASCII 码字符集中的一个字符，在程序中要用单引号引起来。转义字符是以“\”开始的一个字符序列，主要用来表示一些不可显示的字符或控制代码，在程序中使用这种常量时也要放在一对单引号中。例如，'\ddd' 是 1～3 位八进制数 ddd 对应的符号，'\xhh' 是 1～2 位十六进制数 hh 对应的符号。

在内存中，字符数据以 ASCII 码存储，它的存储形式与整数的存储形式类似，因此，一个字符数据既可以字符形式处理、输出，也可以整数形式处理、输出。

3）符号常量

符号常量的定义实际是宏定义的特例，是以“＃define”开头的编译预处理命令。为了区别于一般的变量名，符号常量通常用大写字母表示。例如，NULL、EOF

是系统提供的符号常量，分别与 0、−1 等值，使用前必须在程序开头加上 #include <stdio.h> 编译预处理命令。

3. 变量

变量必须先定义再使用，当程序运行时，每个变量都要占用连续的若干字节，所占用的字节数由变量的数据类型确定。

C 语言规定，变量可以是任何一种数据类型，如整型(int)、短整型(short)、长整型(long)、无符号整型(unsigned int)、单精度型(float)、双精度型(double)、字符型(char)等基本类型。对变量的定义可以放在函数之外，也可以放在函数体中或复合语句中。如果是放在函数体中或复合语句中，则必须集中放在最前面。

习题

一、选择题

1. 下列语句中能正确定义字符串的是(　　)。

A. char str[]={\064};　　　B. char str="kx43";

C. char str='';　　　D. char str[]="\0";

2. 已知字母 a 的 ASCII 码为十进制数 97，则下述程序的输出结果是(　　)。

A. 输出无定值　　B. d，e　　C. e，f　　D. g，d

```
#include <stdio.h>
int main(){
char c1,c2;
c1='a'+6-0;
c2='a'+3-0;
printf("%c,%c\n",c1,c2);
return 0;
}
```

3. 假设在 C 语言中 float 类型数据占 4 个字节，则 double 类型数据占(　　)个字节。

A. 1　　B. 2　　C. 8　　D. 4

4. C 语言中基本的数据类型包括(　　)。

A. 整型、实型、逻辑型　　B. 整型、实型、字符型

C. 整型、字符型、逻辑型　　D. 整型、实型、逻辑型、字符型

5. 以下选项中，能用作数据常量的是(　　)。

A. o115　　B. 0118　　C. 1.5e1.5　　D. 115L

6. 下面 4 个选项中，均是正确的数值常量或字符常量的选项是(　　)。

A. 0.0　0f　8.9e　'&'　　B. "a"　3.9e-2.5　1e1　'\'

C. '3'　011　0xff00　0a　　C. +001　0xabcd　2e2　50.

二、编程题

在 Visual C++ 环境下实现如下 C 程序：

```
#include <stdio.h>
void main(){
char ch1,ch2,ch;
unsigned char c;
int a;
ch1=80;
ch2=60;
ch=ch1+ch2;
c=ch1+ch2;
a=ch1+ch2;
printf("ch1+ch2=%d\n",ch1+ch2);
printf("ch=%d\n",ch);
printf("c=%d\n",c);
printf("a=%d\n",a);
}
```

问题 1：运行该程序，写出输出结果，并说明为什么存在输出结果的差异。

问题 2：如果要求 4 行输出的结果均为 140，在不改变变量数据类型的基础上，则应修改程序中的哪条语句？如何修改？

模块 3

运算符和表达式

运算符是对数据进行某种特定操作的符号。数据呈现的形式可以是常量、变量、函数的返回值等。用运算符将若干数据连接而成的式子称为表达式。单独的一个数据项也是表达式。

C 语言拥有丰富的运算符。最基本的运算符有算术运算符、关系运算符、逻辑运算符、位运算符、赋值运算符、逗号运算符及条件运算符等。

3.1 算术运算符与算术表达式

在实际生活中经常需要进行算术运算，程序中也需要计算各种数据。要在程序中实现计算功能，可以使用算术运算符组成算术表达式。

3.1.1 算术运算符

1. 常见的算术运算符

常见的算术运算符包括+、－、*、/、%和正负号。它主要对数值型数据进行一般的算术运算，其运算规则、运算对象和结合性如表 3-1 所示。

表 3-1 算术运算符及其运算规则

对象个数	名称	运算符	运算规则	运算对象类型	结果类型
单目	正	+	取正值	整型或实型	整型或实型
	负	－	取负值		

（续表）

对象个数	名称	运算符	运算规则	运算对象类型	结果类型
双目	加	＋	加法	整型或实型	整型或实型
	减	－	减法		
	乘	×	乘法		
	除	/	除法		
	模(求余)	%	整数取余	整型	整型

有关算术运算符的说明以下：

(1)除法运算符/。如果两个整数相除，那么结果为整数，如 5/3 的结果为 1，舍去小数部分。如果两个运算对象中至少有一个是实型，那么结果是实型。

(2)如果参加＋、－、*、/运算的两个数有一个为实数，则结果为 double 型，因为所有实数都按 double 型进行计算。

(3)求余运算符%。要求两个操作数均为整型，结果为两数相除所得的余数。求余也称为求模。一般余数的符号与被除数符号相同。例如，8%5=3，-8%5=-3，8%-5=3。

(4)双目运算符优先级。*、/、%同级，＋、－同级，且前三个高于后两个。

视频

自增、自减运算符

2. 自增和自减运算符

自增“++”和自减“--”运算符为变量的增 1 和减 1 提供了紧凑而方便的表达形式。但这两种运算符都有前置和后置之分，其一般用法如下：

```
i++或++i
i--或--i
```

其中，i 是一个整型变量。对一个变量实行前置或后置运算其结果是相同的，即都使它增 1 或减 1。区别是前置运算是在该变量参与其他运算之前先增 1 或减 1，而后置运算是在它参与其他运算之后才增 1 或减 1。例如：

```
k=3;
j=5;
i=3;
m=(++k)*j;
n=(i++)*j;
```

在计算 m=(++k)*j 时，k 首先增 1 变为 4，然后与 j 相乘，最后将 20 赋给 m。在计算 n=(i++)*j 时，由于对 i 实施的是后置运算，因此 i 是用 3 的值参与乘法运算的。之后，i 才增 1 变为 4；最后赋给 n 的值是 15。下边是自减的例子：

```
i=4;
j=5;
k=4;
m=(i--)*j;
n=(--k)*j;
```

在计算 m=(i--)*j 时，由于对 i 实施的后置减 1，i 在参与乘之后才减 1，此时 m=20，i 的值变为 3；在计算 n 时，k 首先减 1，变为 3，然后与 j 相乘，于是 n=15。

使用自增或自减运算时，应注意如下几点：

(1)自增或自减运算的操作数一定是变量，而不能是其他表达式。例如：

```
i++                           /*是合法的*/
(i+j)++                       /*是非法的，自增或自减只对变量进行*/
10++                          /*是非法的*/
```

(2)一个变量的前、后置运算只表明该变量参与其他运算与其自身变化之间的先后关系，并不影响它在表达式中参与其他运算的顺序。

(3)"++"和"--"运算符是自右向左结合的，单目运算符"-"也是自右向左结合的。因此，对-i++就理解为-(i++)，而不应理解为(-i)++。(-i)++是非法的，因为它是表达式而不是变量。

(4)自增和自减运算常用于数组下标改变循环次数控制。例如：

```
x=10;
i=5;
…
A[i++]=x;                     /*把 10 赋给 a[5]，然后 i 变为 6*/
```

对于下面的运算：

```
int m=5,n;
n=(m++)+(m++)+(m++);
```

其计算过程是先进行 m 的 3 次相加，5+5+5=15，即 n=15，然后进行 m 的三次自加，最后 m 的值为 8。

对于下面的运算：

```
int p=5,q;
q=(++p)+(++p)+(++p);
```

其计算过程是先进行3次p的自加，此时p的值为8，然后在自加后p等于8的基础上进行p的三次相加，即8+8+8=24，即q的值为24。

3.1.2 算术表达式

算术表达式是指用算术运算符和括号将运算对象(也称操作数)连接起来的、符合C语言语法规则的表达式。运算对象可以是常量、变量、函数等。例如，a＊b/c−1.5+'a'。

需要注意的是，C语言算术表达式与数学表达式的书写形式有一定的区别，具体如下：

(1)C语言算术表达式的乘号(＊)不能省略。例如，数学表达式“b^2-4ac”对应的C语言表达式应该写成“b＊b−4＊a＊c”。

(2)C语言表达式中只能出现字符集允许的字符。例如，数学表达式“πr^2”对应的C语言表达式应该写成“PI＊r＊r”(PI是已经定义的符号常量)。

(3)C语言算术表达式不允许有分子分母的形式。

(4)C语言算术表达式只使用圆括号改变运算的优先顺序(不要使用{}、[])。可以使用多层圆括号，左右括号必须配对，运算时从内层括号开始，由内向外依次计算表达式的值。

3.2 关系运算符与关系表达式

关系运算是逻辑运算中比较简单的一种。关系运算就是比较运算，即将两个值进行比较，判断是否符合或满足给定的条件。如果符合或满足给定的条件，则称关系运算的结果为“真”；如果不符合或不满足给定的条件，则称关系运算的结果为“假”。

3.2.1 关系运算符

C语言提供了6种关系运算符：<(小于)、>(大于)、<=(小于等于)、>=(大

于等于)、＝＝(等于)、!＝(不等于)。

注意:由两个字符组成的运算符之间不允许有空格,如"＜＝"不能写成"＜ ＝"。

关系运算符的优先级如下:

(1)＜(小于)、＞(大于)、＜＝(小于等于)、＞＝(大于等于)关系运算符的优先级别相同,＝＝(等于)、!＝(不等于)的优先级别也相同。前4种高于后两种。

(2)关系运算符的优先级低于算术运算符。

(3)关系运算符的优先级高于赋值运算符。

关系运算符是双目运算符,具有自左至右的结合性。关系运算符优先级的实例如下:

c＞a＋b 等价于 c＞(a＋b)	关系运算符的优先级低于算术运算符。
a＞b＝＝c 等价于(a＞b)＝＝c	"＞"的优先级高于"＝＝"。
a＝＝b＜c 等价于 a＝＝(b＜c)	"＜"的优先级高于"＝＝"。
a＝b＞c 等价于 a＝(b＞c)	关系运算符的优先级高于赋值运算符。

3.2.2 关系表达式

用关系运算符将两个表达式(算术表达式、关系表达式、逻辑表达式、赋值表达式等)连接起来所构成的表达式称为关系表达式。关系表达式的值是一个逻辑值,即真或假。C语言没有逻辑型数据,以1代表真,以0代表假。

【例3-1】 假如a＝3,b＝2,c＝1,则关系表达式a＞b的值为真,即表达式的值为1;关系表达式b＋c＜a的值为假,即表达式的值为0。

而a＞b＞c的计算过程如下:先计算a＞b,结果为真,值为1;再计算1＞c,结果为假,值为0,所以a＞b＞c表达式的值为0。

描述各种简单条件的应用如下:

儿童:age＜＝6。

老人:age＞＝60。

及格:score＞＝60。

判断整数n为偶数:n%2＝＝0。

3.3 逻辑运算符与逻辑表达式

用逻辑运算符将关系表达式或逻辑量连接起来的式子就是逻辑表达式。下面介绍C语言中的逻辑运算符与逻辑表达式。

3.3.1 逻辑运算符

逻辑运算符是对逻辑量进行操作的运算符。逻辑量只有两个值:“真”和“假”,它们分别用1和0表示。C语言中有3个逻辑运算符:

(1)!(逻辑非)。

(2)&&(逻辑与)。

(3)||(逻辑或)。

逻辑运算符&&和||是双目运算符,!是单目运算符,它们的操作对象是逻辑量或表达式(可以是关系表达式或逻辑表达式),其操作结果仍是逻辑量。例如:

- x&&y　　/* 当x和y均为“真”时,其结果为“真”,只有两者均为“假”时,其结果才为“假” */
- x||y　　/* 当x和y之一为“真”时,其结果为“真”,只有两者均为“假”时,其结果才为“假” */
- !(a>b)　　/* 当(a>b)为假时,其结果为“真”,否则为“假” */
- (x>y)&&(a>b)　　/* 当x>y和a>b都满足时,其结果为真 */
- (x>y)||(a>b)　　/* 当x>y和a>b之中有一个满足时,其结果为真 */

3.3.2 逻辑表达式

逻辑表达式是用逻辑运算符把操作对象(可以是关系表达式或逻辑表达式)连接起来所构成的一种运算式,其操作结果是“真(非零)”或“假(零)”。在处理逻辑表达式时要注意逻辑运算符的优先级及结合性,逻辑运算符的优先级从高到低依次是“!”“&&”“||”。“&&”和“||”的优先级低于关系运算符和算术运算符,而“!”高于基本算术运算符。“&&”和“||”的结合性是自左至右,而“!”是自右至左。例如:

- x>y && a<c-5　　/* 相当于(x>y)&&(a<c-5) */
- x! =y && a>=c+5　　/* 相当于(x! =y)&&(a>=c+5) */
- ! x && a==c　　/* 相当于(! x)(&&a==c) */

有时为了提高程序的可读性，经常把逻辑运算符两边的表达式加上一对括号，如上面的“x>y&& a<c−5”就可以写成“(x>y)&&(a<c−5)”，这样，当逻辑运算符两边的表达式为复杂的表达式时，容易辨认和阅读。

在C语言中，逻辑表达式或关系表达式的取值，“真”和“假”用1和0表示。但在处理逻辑表达式中，当判断一个量是否为“真”时，是看它是否为非0，对于非0，则视为“真”，对于0，则视为“假”。例如：

当x=5，y=1.5，z=a时，则！x，！y，！z均为“假”，即0。

当x=5，y=3时，x&&y的值为1，因为x和y均为非0。

3.4 位运算符与位表达式

3.4.1 按位取反运算符

按位取反运算符就是将其操作对象中的所有二进制位全部改变状态，即“逢0变1，逢1变0”。例如，八进制数0217(二进制10001111)，其按位取反后为八进制数0160(二进制位01110000)。所以～0217的值是0160。又如：

```
unsigned char x=0137;          /* 二进制 01011111 */
x=~ x;                         /* x的二进制结果为 10100000 */
```

3.4.2 移位运算符

移位运算符有左移运算符和右移运算符两种。

1. 左移运算符

左移运算符是将其操作对象向左移动指定的位数，每左移1位相当于乘以2，移n位相当于乘以2的n次方。一个二进制位组在左移时右边补0，移几位右边补几个0。其一般书写格式为

```
表达式 1<<表达式 2
```

其中,“表达式 1”是被左移对象,“表达式 2”给出左移位数。例如,表达式 x << 4 的结果就是将 x 左移 4 位。左边移出的位被舍弃。例如,表达式 0377<<4,其结果为 0360,即 11111111 左移 4 位后为 11110000。

2. 右移运算符

右移运算符是将其操作数向右移动指定的位数,右移操作相当于除以 2,右移 n 位相当于除以 2 的 n 次方。在进行右移时,右边移出的二进制位被舍弃。其一般书写格式为

```
表达式 1>>表达式 2
```

其中,“表达式 1”是被右移对象,“表达式 2”给出右移位数。例如,表达式 x>>2 的结果就是将 x 右移 2 位。例如,表达式 0377>>4 的结果为 017。它相当于将二进制数 11111111 右移 4 位,结果为 00001111。

注意:

(1)左移或右移时出现的空位应当补 0。

(2)如果左移或右移的位数是负值,则移位的最终结果为 0 值。

(3)如果参与移位运算的变量是有符号的整型变量,则应当将最左边的二进制位当作符号位,并根据补码来确定最终的结果。

3.4.3 按位“与”

按位“与”的一般书写格式为

```
表达式 1 & 表达式 2
```

其中,“表达式 1”和“表达式 2”均为整型表达式。

按位“与”遵循这样的原则:当两个操作对象的相应二进制位均为 1 时,则该位的结果为 1,否则为 0,即“两 1 为 1,其余为 0”。值得注意的是,按位“与”的运算,两个表达式之间用一个“&”符,而逻辑“与”,两个表达式之间用两个“&&”,这是初学者经常出错的地方。例如:

```
15&26
```

第一个操作数的二进制表示为 00001111，第二个操作数的二进制表示为 00011010，按位“与”后的二进制表示为 00001010。

可以利用按位“与”来获取指定位的值。例如，假设 x 是一般的 unsigned 类型的整型数(2 个字节)，想获取其低字节的值时，只需将 x 与 0377 相与即可。例如：

```
y=x&0377
```

其中，x 的二进制表示为 0101000101110010，0377 的二进制表示为 0000000011111111，y 的二进制表示为 0000000001110010。还可以利用按位“与”来测试指定的位是否为 0。例如，想测试上例中 x 的从左数第四位是否为 0，则只需将它与 010000(八进制)按位“与”(y=x &010000)。若 y 为 0，则说明被测位为 0，否则为 1。x 的二进制表示为 0101000101110010，010000 的二进制表示为 0001000000000000，计算结果为 0001000000000000。

3.4.4 按位“或”

按位“或”遵循这样的原则：当两个操作对象的相应二进制位均为 0 时，则该对应位的按位“或”结果才为 0，否则为 1，可以简记为“两 0 为 0，其余为 1”。例如：

```
35 | 41
```

35 的二进制表示为 0000000000100011，41 的二进制表示为 0000000000101001，按位“或”的结果为 0000000000101011。

按位“或”的一般书写格式为

```
表达式 1 | 表达式 2
```

其中，“表达式 1”和“表达式 2”是整型表达式。

可以利用按位“或”来将指定位设置为 1。例如，将 x 的从右数第三位(二进制位)设置为 1，则只需执行如下表达式即可：

```
x=x|04
```

x 的二进制表示为 0111100001000011，04 的二进制表示为 0000000000000100，按位“或”的结果为 0111100001000111。

3.4.5 按位"异或"

按位"异或"遵循这样的原则：当其两个操作对象的相应位相同时，则该对应位"异或"的结果为 0。可以简记为"相同为 0，不同为 1"，即 0^0=0，0^1=1，1^1=0。按位"异或"也可称不进位加，即两个操作对象执行二进制相加，但不向高位进位。例如：

```
73^81
```

73 的二进制表示为 0000000001001001，81 的二进制表示为 0000000001010001，按位"异或"结果为 0000000000011000。所以"异或"的意思是判断两个相应的二进制位是否相"异"。如果相"异"，则结果为"真"（为 1），否则为"假"（为 0）。利用按位"异或"可使一个数的各二进制位翻转。例如，要使 x 的各位翻转，只需执行如下表达式：

```
x=x^0177777
```

其中，x 的二进制表示为 0101000101110010，"异或"后的结果为 1010111010001101。

3.5 赋值运算符与赋值表达式

在 C 语言中，可以通过赋值运算直接为变量提供数据。赋值运算是 C 程序中最为广泛的一种运算。

视频
赋值运算符

1. 赋值运算符

赋值运算符"="是将其右边表达式的值赋给左边的变量，赋值号左边一定是变量，右边是表达式。如果右边表达式的类型与左边变量的类型不一致，则先将右边表达式的值转换为与左边变量相同的类型，然后进行赋值。例如：

```
i=d+3
```

其中，i 为 int 型，d 为 double 型。于是此运算的处理过程是先将 3 转换为

double 型(3.0),再执行 d+3.0,结果为 double 型,最后再把 double 的结果转换为 int 型,并赋给 i。

2. 赋值表达式

由赋值运算符将一个变量和一个表达式连接起来的式子称为赋值表达式。它的一般形式为

```
<变量><赋值运算符><表达式>
```

例如,“a=5”是一个赋值表达式。对赋值表达式求解的过程是将赋值运算符右侧“表达式”的值赋给左侧的变量。赋值表达式的值就是被赋值的变量的值。例如,“a=5”这个赋值表达式的值为 5(变量 a 的值也是 5)。

赋值表达式也可以包含复合的赋值运算符,如“a+=a-=a*a”也是一个赋值表达式。

如果 a 的初值为 10,此赋值表达式的求解步骤如下:

(1)先进行“a-=a*a”的运算,它相当于 a=a-a*a=10-100=-90。

(2)再进行“a+=-90”的运算,相当于 a=a+(-90)=-90-90=-180,即上式相当于

```
a=a+(a=a-a*a)
```

C 语言中明确规定:赋值运算符“=”左侧只能是变量,不允许是常量和算术表达式。例如,下列表达式是不合法的:

```
a=a+7=c+b
```

上述表达式中的第二个赋值号左侧出现了算术表达式 a+7,因此是不合法的。

将赋值表达式作为表达式的一种,使赋值操作不仅可以出现在赋值语句中,而且可以表达式形式出现在其他语句(如输出语句、循环语句等)中,如“printf("%d",a=b);”。如果 b 的值为 3,则输出 a 的值(也是表达式 a=b 的值)为 3。在一个语句中完成了赋值和输出双重功能。这是 C 语言灵活性的一种表现。

在变量说明中给变量初始化和赋值语句的区别:给变量初始化是变量说明的一部分,初始化后的变量与其后的其他同类变量之间仍必须用逗号间隔,而赋值语句则必须用分号结尾。

同时,在变量说明中,不允许连续给多个变量赋值。例如:

```
int a=b=c=5;
```

是错误的，必须写成：

```
int a=5,b=5,c=5;
```

而赋值语句允许连续赋值。给多个变量赋同一值时可用连等的方式进行。“a=b=c=5;”按照赋值运算符的右结合性，实际上等效于“c=5;b=c;a=b;”。

赋值表达式和赋值语句的区别：赋值表达式是一种表达式，它可以出现在任何允许表达式出现的地方，而赋值语句则不能。例如：

```
if(x=y+5)>0z=x;
```

是合法的，而语句：

```
if(x=y+5;)>0z=x;
```

是非法的，因为“x=y+5;”是语句，不能出现在表达式中。

赋值运算符包括简单赋值运算符和复合赋值运算符，复合赋值运算符又包括算术复合赋值运算符和位复合赋值运算符，如表 3-2 所示。

表 3-2 赋值运算符

运算符分类	名　称	赋值运算符	举　例	等价于
简单赋值	赋值	=	y=x	
算术复合赋值	加赋值	+=	y+=x	y=y-x
算术复合赋值	减赋值	-=	y-=x	y=y-x
算术复合赋值	乘赋值	*=	y*=x	y=y*x
算术复合赋值	除赋值	/=	y/=x	y=y/x
算术复合赋值	取余赋值	%=	y%=x	y=y%x
位操作复合赋值	位与赋值	&=	y&=x	y=y&x
位操作复合赋值	位或赋值	|=	y|=x	y=y|x
位操作复合赋值	位异或赋值	^=	y^=x	y=y>>x
位操作复合赋值	右移赋值	>>=	y>>=x	y=y>>x
位操作复合赋值	左移赋值	<<=	y<<=x	y=y<<x

3.6 逗号运算符与逗号表达式

逗号运算符是C语言提供的又一种特殊的运算符。用逗号运算符将两个或多个表达式连接起来,构成一个完整的表达式,称为逗号表达式。

逗号表达式的一般形式如下:

```
表达式1,表达式2,……,表达式n
```

逗号表达式的求解过程如下:自左向右,求解表达式1,求解表达式2,……,求解表达式n。整个逗号表达式的值是表达式n的值。

注意:逗号表达式的优先级最低,结合顺序为自左向右。

例如,表达式"a=3*5,a++,a*4"的值为64,变量a的值为16。

逗号表达式主要用于将若干表达式"串联"起来,表示一个顺序的操作(计算),在许多情况下,使用逗号表达式的目的只是想分别得到各个表达式的值,而并非一定需要得到和使用整个逗号表达式的值。

【例3-2】 逗号表达式示例。

程序代码如下:

```
#include <stdio.h>
main()
{
int x,a;
x=(a=3,6*3);                    /* a=3,x=18 */
printf("%d,%d\n",a,x);
x=a=3,6*a;                      /* a=3,x=3 */
printf("%d,%d\n",a,x);
}
```

程序运行结果如图3-1所示。

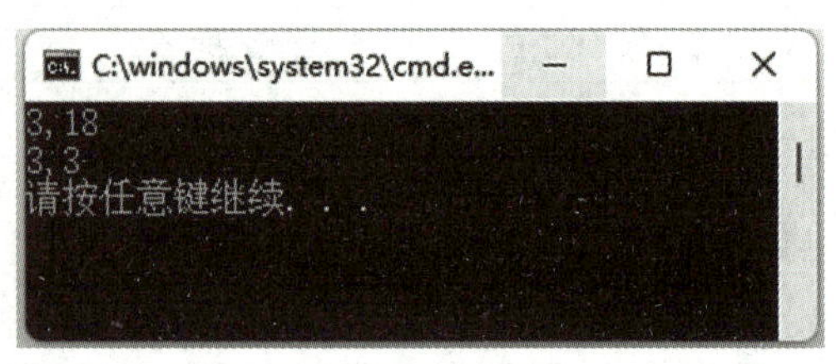

图3-1 【例3-2】运行结果

3.7 运算符的优先级与结合性

一般而言，单目运算符优先级较高，赋值运算符优先级低。算术运算符优先级较高，关系运算符和逻辑运算符优先级较低。多数运算符具有左结合性，单目运算符、三目运算符、赋值运算符具有右结合性。表 3-3 给出了运算符的优先级和结合性。

视频

运算符的优先级

表 3-2 运算符的优先级和结合性

优先级	运算符	含义	要求运算对象的个数	结合方向
1	( ) [ ] －＞ ?	圆括号 下标运算符 指向结构体成员运算符 结构体成员运算符		自左至右
2	! ～ ＋＋ －－ － (类型) * & sizeof	逻辑非运算符 按位取反运算符 自增运算符 自减运算符 负号运算符 类型转换运算符 指针运算符 地址与运算符 长度运算符	1(单目运算符)	自右至左
3	* / %	乘法运算符 除法运算符 求余运算符	2(双目运算符)	自左至右
4	＋ －	加法运算符 减法运算符	2(双目运算符)	自左至右
5	＜＜ ＞＞	左移运算符 右移运算符	2(双目运算符)	自左至右

（续表）

优先级	运算符	含义	要求运算对象的个数	结合方向
6	< <= > >=	关系运算符	2(双目运算符)	自左至右
7	== !=	等于运算符 不等于运算符	2(双目运算符)	自左至右
8	&	按位与运算符	2(双目运算符)	自左至右
9	^	按位异或运算符	2(双目运算符)	自左至右
10	|	按位或运算符	2(双目运算符)	自左至右
11	&&	逻辑与运算符	2(双目运算符)	自左至右
12	||	逻辑或运算符	2(双目运算符)	自左至右
13	?:	条件运算符	3(三目运算符)	自右至左
14	= += -= *= /= %= >>= <<= &= ^= |=	赋值运算符	2(双目运算符)	自右至左
15	,	逗号运算符 (顺序求值运算符)		自左至右

总结反思

本模块主要学习了运算符和表达式，C 语言的运算符十分丰富，必须分析各类运算符的特征，从而记住它们的优先级和结合性。例如，所有的单目运算符的优先级均为第二级，结合性均为自右向左等。本模块的重点知识如下。

1. 自增、自减运算符

自增、自减运算符的作用是使变量的值增 1 或减 1。例如，i++相当于 i=i+1；--i 相当于 i=i-1。因此，自增自减运算本身也是一种赋值运算。

(1)++和--单目运算符，运算对象可以是整型变量也可以是实型变量，但不能是常量或表达式。

(2)用自增、自减运算符构成表达式时，既可以前缀形式出现，也可以后缀形式出现。无论前缀还是后缀，对于变量本身来说都具有相同的效果，但作为表达式来说却有着不同的值。例如，若有“int i=3；x=++i；”，i 和 x 以及表达式的值均为 4；而执行“x=i++；”后，x 和表达式的值为 3，但 i 的值为 4。

2. 关系运算和逻辑运算

选择结构是按照条件的真假选择执行某段代码。条件中的真(T)和假(F)就是C语言中的两种逻辑值,真用非0代表,假用0代表。关系运算和逻辑运算的结果只有真(非0)或假(0)。

(1)所有运算符的优先级关系是!(逻辑非)>算术运算符>关系运算符>&&(逻辑与)>||(逻辑或)>赋值运算符,对于有疑问的,可一律用括号来明确。

(2)在C程序中,不能出现连续不等式。例如,形如0<a<10的不等式一般表示成a>0&&a<10。

(3)在逻辑表达式的求解中,并不是所有的运算符都被执行,只有在必须执行下一个逻辑运算才能求出表达式解时,才执行下一个运算符。

例如,当a=5,b=2时,对于表达式a++||b++,因为a++已经为真,所以这时整个表达式的值已经可以确定为真,不用去计算b++的值,这时b的值没有变化。

(4)关于实数相等的比较。在计算机中,通常存放在内存中的实数是有误差的,因此不能精确相等,将导致x==y的值总是假。可以通过abs(x-y)<0.00001这种方式来比较,精度(0.00001)可以由程序员根据要求控制。

3. 不同类型数据之间的混合运算和转换

当不同类型的数据混合运算时,系统会自动统一类型后再做运算等处理。在赋值表达式中,当赋值号(=)左右两边对象类型不一致时,系统自动将右边对象的类型转换成左边对象的类型后,再赋值给左边的对象;在算术表达式中,运算对象先按“就高不就低”的原则,统一类型后再进行运算。

有些运算符对运算对象的类型有严格要求。例如,整除求余运算符%要求左右两边的操作数均为整型,2.0%5是错误的,若想将2.0转换成2,可以采用强制类型转换运算符来处理,即改写成(int)2.0%5。

4. 长度运算符

长度运算符是单目运算符,其运算对象可以是任何数据类型符或变量,运算结果是所测数据类型应占用的字节数。注意,运算对象必须用圆括号。例如,sizeof(float)的结果为4。

习题

一、选择题

1. 在C语言中,B80是(　　)数。

A. 八进制　　B. 十进制　　C. 十六进制　　D. 非法

2. 字符串常量"mine"的字符个数是(　　)。

A. 4　　B. 5　　C. 6　　D. 16

3. 若有整型变量 x=2,则表达式(x++)*2 的结果是(　　)。

A. 2　　B. 4　　C. 6　　D. 16

4. 下列运算符中,优先级最高的是(　　)。

A. !　　B. +　　C. ||　　D. ( )

5. 以下程序的输出结果是(　　)。

A. 6,1　　B. 2,1　　C. 6,0　　D. 2,0

```
#include <stdio.h>
main()
{
int a,b,d=241;
a=d/100%9;
b=(-1)&&(-1);
printf("%d,%d\n",a,b);
}
```

6. 以下程序的输出结果是(　　)。

A. 0 0 3　　B. 0 1 2　　C. 1 0 3　　D. 1 1 2

```
main()
{
int a=-1,b=4,k;
k=(a++<=0)&&(!(b--<=0));
printf("%d %d %d\n",k,a,b);
}
```

7. 下面的程序(　　)。

A. 有语法错误不能通过编译

B. 输出＊ ＊ ＊ ＊

C. 可以通过编译,但是不能通过连接,因而不能运行

D. 输出＃ ＃ ＃ ＃

```
main()
{
int x=3,y=0,z=0;
if(x=y+z) printf("＊ ＊ ＊ ＊");
elseprintf("＃ ＃ ＃ ＃");
}
```

二、编程题

1. 编写程序,实现如下功能:输入两个数,输出较小的数。

2. 已知 i=20,j=20,输出 i++和 j++的值,试比较它们有什么区别。

3. 输入 a 和 b,计算 a+|b|的值。

模块 4 程序结构

在进行程序设计时，通常采用 3 种程序结构，即顺序结构、选择结构和循环结构。本模块将详细讲解顺序结构、选择结构和循环结构。

4.1 程序的 3 种基本结构

为了提高程序设计的质量和效率，现在普遍采用结构化程序设计方法。结构化程序由顺序结构、选择结构和循环结构 3 种基本结构组成。

1. 顺序结构

顺序结构是最简单的一种程序结构，语句是按书写的顺序执行的，语句的执行顺序与书写顺序一致。顺序结构的传统流程如图 4-1 所示，顺序结构的 N-S 流程如图 4-2 所示。

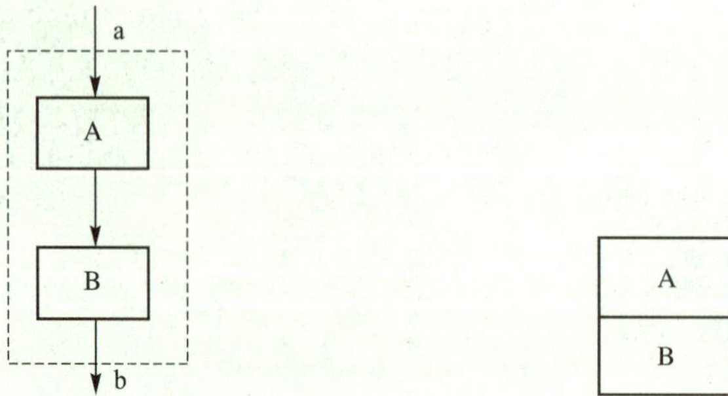

图 4-1　顺序结构的传统流程图　　图 4-2　顺序结构的 N-S 流程图

2. 选择结构

选择结构又称分支结构，是根据给定的条件 P 是否成立而选择执行语句块 A

还是语句块 B。选择结构的传统流程图如图 4-3 所示，选择结构的 N-S 流程图如图 4-4 所示。

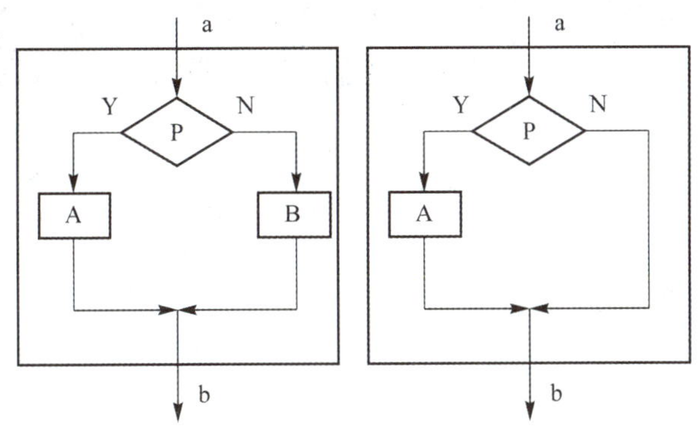

图 4-3 选择结构的传统流程图

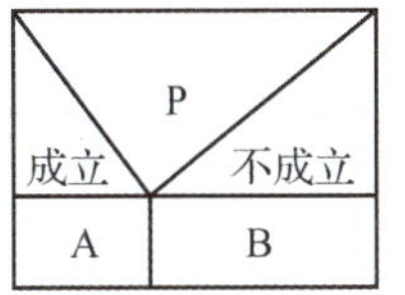

图 4-4 选择结构的 N-S 流程图

3. 循环结构

循环结构是当满足某种循环条件时，将一条或多条语句重复执行若干遍，直到不满足循环条件为止。循环结构的传统流程图如图 4-5 所示，循环结构的 N-S 流程图如图 4-6 所示。

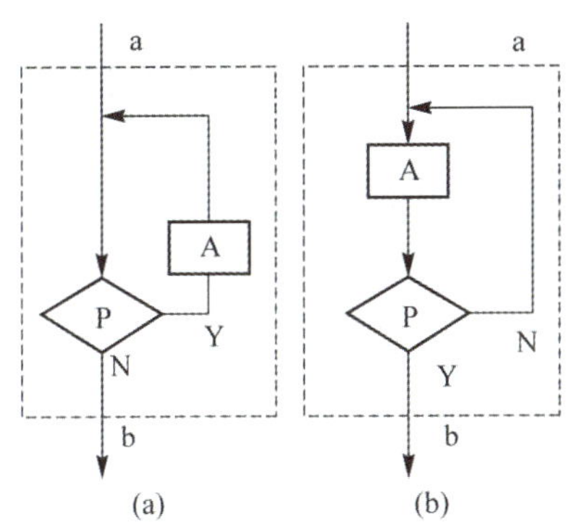

图 4-5 循环结构的传统流程图

(a)当型循环；(b)直到型循环

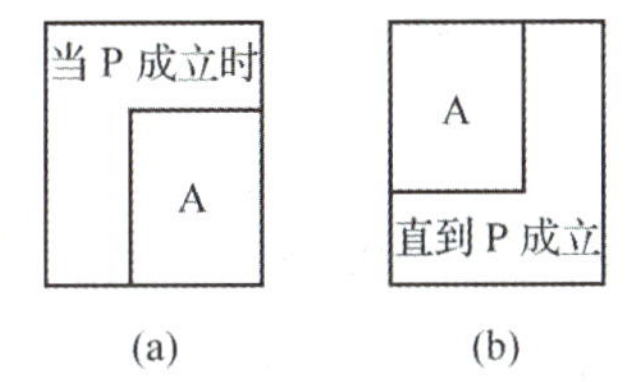

图 4-6 循环结构的 N-S 流程图

(a)当型循环；(b)直到型循环

循环结构有以下两种类型：

(1)当型循环。当条件 P 成立时，反复执行 A 操作，直到 P 条件不成立为止。当型循环先判断，决定是否执行循环体，在条件 P 一次都不满足时，循环体 A 可能一次都不执行。

(2)直到型循环。当条件 P 不成立时，反复执行 A 操作，直到 P 条件成立为止。直到型循环先执行循环体 A，然后判断条件 P，所以循环体至少执行一次。

注意:3 种结构中的 A、B 框可以是一个简单的操作,也可以是 3 个基本结构之一,也就是说基本结构可以嵌套。

已经证明,由 3 种基本结构组成的算法可以解决任何复杂的问题。由 3 种基本结构组成的算法称为结构化算法,应当强调的是,在今后的程序设计中应当采用结构化程序设计方法。

4.2 顺序结构程序设计

C 语言中的顺序结构主要由表达式语句、说明语句、输入/输出语句、空语句和复合语句组成。C 语言中的语句以分号“;”为结束标志,因此只要有分号的地方就会有一条语句,不管它前面是否有内容。

1. 赋值语句

赋值语句是由赋值表达式加分号构成的。例如,“a=b+c”是赋值表达式,“a=b+c;”则是赋值语句。

可以有以下几种赋值语句。

(1)简单赋值语句,如“a=a+b;”。

(2)复合赋值语句,如“i+=1;”等价于“i=i+1;”。

(3)自增自减赋值语句,如“i++;”等价于“i=i+1;”,“i--;”等价于“i=i-1;”。

(4)逗号赋值语句,如“i=1,j=2;”。

当同一个变量出现在赋值号两边时,对右边的变量进行的是取(读取)值运算,变量值不变;对左边的变量进行的是赋(写存)值运算,变量值更新。

例如,计数和累加运算的代码及过程如下:

```
i=0;s=0;      i                s
i=i+1;        1/*计数*/     scanf("%f",&cj);  /*输入成绩*/
s=s+i;        1/*累加*/     s=s+cj;           /*累加*/
i=i+1;        2             scanf("%f",&cj);
s=s+i;        3             s=s+cj;
i=i+1;        3             scanf("%f",&cj);
```

```
s=s+i;          6               s=s+cj;
i=i+1;          4               scanf("%f",&cj);
s=s+i;          10(1+2+3+4)s=s+cj;   /* s=cj1+cj2+cj3+cj4 */
```

再如，交换变量 x、y 的值的代码如下：

```
int x,y,t;
x=5;y=6;
t=x;x=y;y=t;
```

2. 复合语句和空语句

复合语句、空语句与 C 语言中的其他语句一样，是程序设计中必不可少的语句，只有了解语句本身的功能和作用，并在程序中合理地使用，才能编写出清晰、高质量的程序。

1)复合语句

用“{}”括起来一些语句(语句序列)称为复合语句，又称为语句块。

一般情况下，凡是允许出现语句的地方都允许使用复合语句。在程序结构上复合语句被看作一个整体的语句，但是内部可能完成了一系列工作。

需要注意的是，C 程序书写格式一般要求一条语句占一行，但在复合语句中，一般将彼此关联的或表示一个整体的一组较短的语句写在一行上。

在复合语句中，不仅可以有执行语句，而且可以有定义部分，定义本复合语句中的局部变量。

例如：

```
{ int t;t=a;a=b;b=t;}
```

2)空语句

空语句是只有一个分号的语句，它什么也不做。例如：

(1)空循环 100 次。

```
for(i=0;i<100;i++)
;                     /*“;”表示循环体，表示一个延时或表示目前还不必做什么事情*/
```

(2)如果条件满足，那么什么都不做，否则完成某些工作。

```
if()
;                                /*“;”表示 if 块,什么都不做*/
else
{……}
```

程序中有时需要加一个空语句来表示存在一条语句,但随意加分号也会导致逻辑上的错误,而且这种错误十分隐蔽,编译器也不会提示逻辑错误,初学者一定要小心、慎用。

4.3 数据输入与输出

所谓输入与输出,是以计算机主机为主体而言的。从计算机向外部输出设备(如显示器、打印机、磁盘等)输出数据称为输出,从输入设备(如键盘、磁盘、扫描仪等)向计算机输入数据称为输入。

C语言本身不提供输入/输出语句,输入/输出操作是由函数来实现的。C语言的标准函数库中提供了许多用于实现输入/输出操作的库函数,使用这些函数时,只要在程序开始的位置加上如下编译预处理命令即可:

```
#include <stdio.h>
```

或

```
#include "stdio.h"
```

它的作用是将输入/输出函数的头文件“stdio.h”包含到用户源文件中。其中,h为head的缩写,stdio是standard input & output的缩写。考虑到printf和scanf函数使用频繁,系统允许在使用这两个函数时可以不加#include命令。

4.3.1 字符的输入与输出

1. 字符输出函数

字符输出函数putchar用于向输出设备(显示器)输出一个字符(可以是可显示的字符,也可以是控制字符或其他转义字符)。其语法格式如下:

```
putchar(字符型表达式);
```

例如：

```
putchar('y');            /*输出字母y*/
putchar('\n';            /*输出一个换行符*/
```

2. 字符输入函数

字符输入函数 getchar 用于从终端(键盘)输入一个字符,以“Enter”键确认。函数的返回值就是输入的字符。其语法格式如下：

```
getchar();
```

使用 getchar 函数需要注意以下两点：

(1)从键盘输入字符型常量时不用单引号,输入字符后,按“Enter”键。

(2)getchar 函数只能接受一个字符,其得到的字符可以赋给一个字符变量或整型变量,也可以不给任何变量,作为表达式的一部分。

【例 4-1】 从键盘输入一个大写字母,要求以小写字母输出。

程序代码如下：

```
#include <stdio.h>
main()
{
char c1,c2;
c1=getchar();
putchar(c1);
putchar('\n');
c2=c1+32;
putchar(c2);
}
```

程序运行结果如图 4-7 所示。

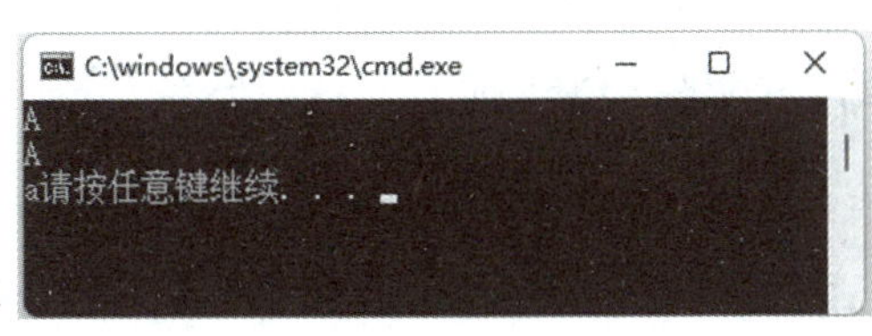

图 4-7 【例 4-1】运行结果

4.3.2 格式输出函数

1. 格式

格式输出函数 printf 有以下两种格式：

(1)直接输出字符串，其语法格式如下：

```
printf("字符串");
```

(2)计算若干任意类型表达式的值，按格式向输出设备输出。其语法格式如下：

```
printf("格式控制字符串",输出表列);
```

例如：

```
printf("%d,%c,%d",65,65,'A'+1);
/*输出:65,A,66*/
```

对于格式(2)有以下两点说明：

①格式控制字符串。格式控制字符串可以是下列两种形式的组合：

a. 格式说明：%格式字符。格式说明是用于规定对应输出项内容的输出格式，它由%和格式字符组成。

b. 普通说明：原样输出的其他字符。一般使用“普通说明”给出输出结果的一些提示或间隔，使输出的值清晰、整齐。

②输出表列。输出表列是指要输出的数据，可以是常量、变量或表达式，输出多个数据时以“,”分隔。

2. 格式字符

对不同类型的数据用不同的格式字符。常用的有以下几种字符：

(1)d 格式符，用来输出十进制整数。

①%d：按整数数据的实际长度输出。

②%md：m 为指定输出的宽度。若 m≤数据的实际位数，则按实际宽度输出；若 m>实际位数，则右对齐，左补空格。

③%-md：m 为指定输出的宽度。若 m≤数据的实际位数，则按实际宽度输出；若 m>数据的实际位数，则左对齐，右补空格。

④%ld：输出长整型数据。

(2)o(是字母 o 不是零)格式符,用来输出八进制整数。%o 表示将内存单元中的各位的值按八进制形式输出,输出的数值不带符号,即将符号位也一起作为八进制的一部分输出。

例如,有以下程序段:

```
int a=-1;
printf("%d,%o",a,a);
/*输出为:-1,177777*/
```

对长整型数据,可以用"%lo"格式输出,同样也可以指定宽度。

(3)x 格式符,用来输出十六进制整数。%x 表示以十六进制数形式输出整数,同样不会出现负的十六进制数。

例如,有以下程序段:

```
int a=-1;
printf("%d,%o,%x",a,a,a);
/*输出:-1,177777,ffff*/
```

同样可以用"%lx"输出长整型数,也可以指定输出的宽度。

(4)u 格式符,用来输出无符号整数。一个有符号整数(int)可以用%u 格式输出;反之,一个无符号数据也可以用%d 格式输出。无符号整数也可以用%o 或%x 格式输出。

(5)c 格式符,用来输出一个字符。例如:

```
char ch='a';
printf("%c",ch);
```

一个整数,只要它的值为 0~255,就可以用字符形式输出。在输出前,系统会将该整数作为 ASCII 码转换为相应的字符;反之,一个字符数据也可以用整数输出。

【例 4-2】 整数与字符的输出示例。

程序代码如下:

```
#include <stdio.h>
main()
{
char c='a';
int i=97;
```

```
printf("%c,%d\n",c,c);
printf("%c,%d\n",i,i);
}
```

程序运行结果如图 4-8 所示。

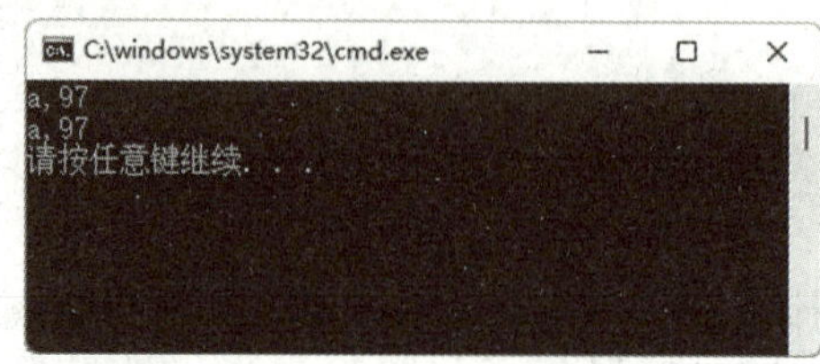

图 4-8 【例 4-2】运行结果

(6)s 格式符,用来输出一个字符串。有以下几种用法:

①%s:输出字符串。例如:

```
printf("%s","Hello");                /* 输出"Hello"字符串(不包含双引号)*/
```

②%ms:输出的字符串占 m 列。若字符串本身长度大于 m,则按实际宽度输出;若串长小于 m,则左补空格。

③%-ms:若串长小于 m,则字符串向左靠,右补空格。

④%m.ns:输出占 m 列,但只取字符串左边 n 个字符。这 n 个字符输出在 m 列的右侧,左补空格。

⑤%-m.ns:其中,m、n 含义同上,n 个字符输出在 m 列的左侧,右补空格。若 n>m,则 m 自动取 n 值,即保证 n 个字符输出。

(7)f 格式符,用来输出实数(float、double),以小数形式输出。有以下几种用法:

①%f:不指定字段的宽度,由系统自动设定,整数部分全部如数输出,并输出 6 位小数。单精度的有效位数一般为 7 位。

例如,有以下程序段:

```
float x,y;
x=111111.111;
y=222222.222;
printf("%f",x+y);
/*输出:333333.328125*/
```

显然，只有前7位数字是有效数字。

双精度数也可以用%lf格式输出，输出6位小数，有效数字一般是16位。

②%m.nf：指定输出的数据共占m列，其中n位小数。若m≤数据的实际位数，则按实际宽度输出；若m>数据的实际位数，则左补空格。

例如，有以下程序段：

```
float x=123.456;
printf("%f,%10.2f,%.3f,%.0f",x,x,x,x);
/* 输出:123.456001,□□□□123.46,123.456,123 */
```

③%-m.nf：指定输出的数据共占m列，其中n位小数。若m≤数据的实际位数，则按实际宽度输出；若m>数据的实际位数，则右补空格。

(8)e格式符，以指数形式输出实数(float、double)。

①%e：不指定输出数据的宽度和小数位数。有的编译系统自动指定给出6位小数，指数部分占5位(e+005)。数值按规范化指数形式输出，小数点前必须有且只有一位非零数字，所以数据共占13位。

②%m.ne与%-m.ne，m、n和“-”含义与前相同。此处n指拟输出数据的小数部分(尾数)的小数位数。

(9)g格式符。用来输出实数，它根据数据的大小，自动选f格式或e格式，且不输出无意义的零。

3.使用printf函数的几点说明

(1)printf的输出格式为自由格式，两个数之间是否有逗号、空格或回车，完全取决于格式控制，如果不注意，很容易造成数字连在一起，使得结果没有意义。例如：

```
printf("%d%d\n",x,y);
/* 若 x=123,y=345,则输出 123345 */
```

(2)格式控制符必须含有与输出项一一对应的输出格式说明，类型必须匹配。若格式说明与输出项类型不一一匹配，则不能正确输出，且编译时不会报错。若格式说明个数少于输出项个数，则多余的输出项不予输出；若格式说明个数多于输出项个数，则将输出一些毫无意义的数字乱码。

(3)除了X、E、G外，其他格式字符必须用小写字母，如%d不能写成%D。

(4)在格式控制中，除了前面要求的输出格式，还可以包含任意合法字符，这些字符输出时将“原样照印”。还可以在格式控制字符串中包含转义字符，如“\n”。例如：

```
printf("a=%d,b=%d\n",a,b);
```

(5)如果要输出“%”符号，可以在格式控制中用“%%”表示，则输出一个%。

(6)尽量不要在输出语句中改变输出变量的值，因为可能会造成输出结果的不确定性。

例如，有以下程序段：

```
int k=8;
printf("%d,%d\n",k,++k);
```

输出结果为9,9，而不是8,9。这是因为调用函数printf时，参数是从右往左进行处理的。

4.3.3 格式输入函数

1. 格式

格式输入函数scanf用于按格式控制将输入设备的数据存入各变量。其语法格式如下：

```
scanf("格式控制字符串",地址表列);
```

(1)格式控制字符串(与格式输出中的含义相同)。格式控制字符串可以是下列两种形式的组合：

①格式说明：%格式字符。格式说明用于规定对应输入项的输入格式，它由%和格式字符组成。

②普通说明：原样输入的其他字符。有时也使用“普通说明”给出输入数据的间隔，如“,”。一般不用“普通说明”进行提示，必要的提示一般在scanf之前使用printf实现。

(2)地址表列。地址表列是由若干个等待输入的内存单元地址组成的，地址项之间用逗号分隔。C语言中变量地址的表示是在变量前加前缀符号“&”，形式如下：

```
&变量1,&变量2,……,&变量n
```

2. 格式字符

%c：输入一个字符，按"Enter"键结束。

%d(ld)：输入十进制整型数 int(long)。

%f(lf)：输入 float(double)型数据。

%e(le)：输入指数形式的 float 或 double 型数据。

%s：输入字符串，以空白字符结束。

3. 使用 scanf 函数应当注意的问题

(1)scanf 函数中格式控制后面应当是变量地址，而不应是变量名。若仅仅给出变量名则会出错，但不报错，只给出警告。例如：

```
scanf("%d,%d",a,b);/* 不合法 */
```

(2)格式控制符必须含有与输入项一一对应的格式说明符，类型必须匹配；若格式说明与输入项类型不一一对应匹配，则不能正确输入，而且编译时不会报错。若格式说明个数少于输入项个数，scanf 函数结束输入，则多余的输入项将无法得到正确的输入值；若格式说明个数多于输入项个数，scanf 函数也结束输入，多余的数据作废，不会作为下一个输入语句的数据。

(3)如果在格式控制字符串中除了格式说明以外还有其他字符，则在输入数据时在对应位置应当输入与这些字符相同的字符。建议不要使用其他字符。例如：

```
scanf("%d,%d,%d",&a,&b,&c);          /* 应当输入 3,4,5 */
scanf("%d:%d:%d",&h,&m,&s);          /* 应当输入 12:23:36 */
scanf("x,y,z=%d%d%d",&x,&y,&z);      /* 应当输入 x,y,z=10 20 30 */
```

但使用者一般不了解设计者设置的输入格式串，这种情况一般先使用 printf 进行一定的提示。例如：

```
printf("Please input x,y,z:");
scanf("%d,%d,%d",&x,&y,&z);
```

(4)在用%c 格式输入字符时，空格字符和转义字符都作为有效字符输入。因为空格也是一个字符，所以不要用空格作为两个字符之间的间隔。

(5)在输入数据时，遇到下列情况之一认为数据输入结束。

①遇到空格或按"Enter"键或"Tab"键。

```
int a,b,c;
scanf("%d%d%d",&a,&b,&c);
/* 输入 1234 (Tab)567 并按“Enter”键后,a=12,b=34,c=567 */
```

②按指定的宽度结束。例如,%3d,只取 3 列。

③遇到非法的输入。例如:

```
float a,c;
char b;
scanf("%d%c%f",&a,&b,&c);
/* 输入 1234a123o.26 并按“Enter”键后,a=1234.0,b='a',c=123.0,而不是希望的
1230.26 */
```

(6)在 Visual C++ 环境下,要输入 double 型数据,格式控制符必须用%lf(或%le),否则数据不能正确输入。

(7)在 scanf 函数的格式字符前可以加入一个正整数指定输入数据所占的宽度,但不可以对实数指定小数位的宽度,如“scanf("%5.2f",&a);”是非法的。

(8)使用“*”跳过某个输入数据。可以在%和格式字符之间加入“*”,跳过对应的输入数据。例如:

```
int a1,a2,a3;
scanf("%d%*d%d%d",&a1,&a2,&a3);
printf("%d,%d,%d\n",a1,a2,a3);
/* 若输入 10203040,则输出:10,30,40 */
```

4.4 选择结构程序设计

C 语言提供了可以进行逻辑判断的若干选择语句,由这些选择语句构成程序中的选择结构,又称为分支结构。选择结构是结构化程序设计的 3 种基本结构之一,下面详细介绍如何在 C 程序中实现选择结构。

4.4.1 简单 if 语句

简单 if 语句的语法如下:

```
if(表达式) 语句
```

功能是判断表达式是否成立，若成立，则执行语句，若不成立，则执行下一条语句，如图 4-9 所示。

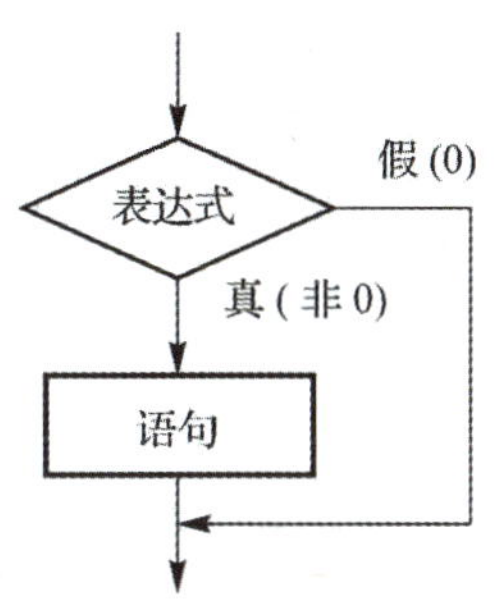

图 4-9 if 语句流程图

【例 4-3】 从键盘输入 2 个不相等的数，存入 a 和 b，判断 a 和 b 的大小，操作实现使 a 的值大于 b 的值。

程序代码如下：

```
#include <stdio.h>
main()
{
int a,b,t;
scanf("%d%d",&a,&b);
if(a<b)
{
t=a;a=b;b=t;
}
printf("%d,%d\n",a,b);
}
```

运行上述代码后在控制台输入“6”和“10”，程序运行结果如图 4-10 所示。

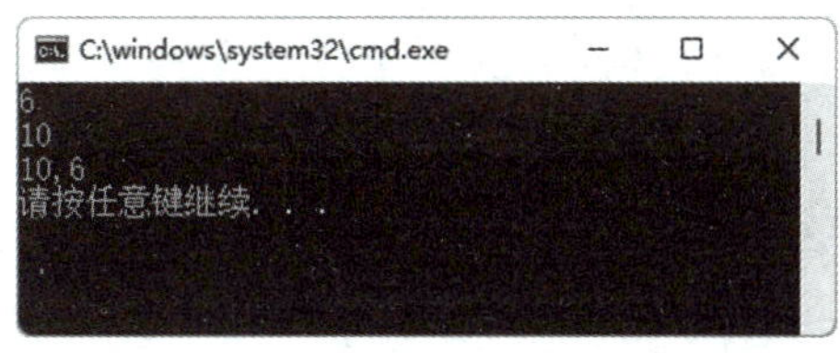

图 4-10 【例 4-3】运行结果

4.4.2 if…else 语句

if…else 语句的语法格式如下：

```
if(表达式)
{
语句块 A
}
else
{
语句块 B
}
```

判断表达式是否成立，若成立，则执行语句块 A，若不成立，则执行语句块 B，如图 4-11 所示。

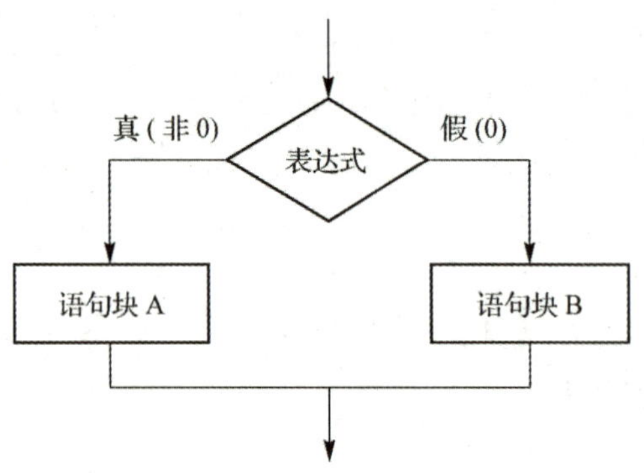

图 4-11 if…else 语句流程图

【例 4-4】 统计及格和不及格的人数。

程序代码如下：

```
if(score>=60)
{
printf("及格");
c1=c1+1;
}
else
{
```

```
printf("不及格");
c2=c2+1;
}
```

上述程序代码等价于下面的代码：

```
if(score>=60) {printf("及格");c1=c1+1;}
if(score<60) {printf("不及格");c2=c2+1;}
```

4.4.3 嵌套 if 语句

一个 if 语句又包含一个或多个 if 语句称为 if 语句的嵌套。嵌套 if 语句的语法格式如下：

```
if(表达式)
if(表达式)语句 1;
else 语句 2;
else
if(表达式)语句 3;
else 语句 4;
```

这种在 if 语句中又包含 if 的选择结构常用于解决比较复杂的选择问题，其中每一条语句都必须经过多个条件共同决定才能执行。

嵌套 if 语句的几点说明如下：嵌套 if 语句使用非常灵活，任何 if 语句都可以嵌套；被嵌套的 if 语句本身又可以是一个嵌套的 if 语句；在多种嵌套的 if 语句中，else 总是与离它最近且没有配对的 if 配对。

视频

嵌套 if 语句

可以用下面两种方法解决匹配问题：

(1)利用空语句，使 if 子句数量与 else 子句数量相同。

```
if()
  if()语句 1;
  else;
else
  if() 语句 2;
  else 语句 3;
```

(2)利用{}确定配对关系,将没有 else 子句的 if 语句用{}括起来。

```
if()
  { if()语句 1;}
else
  if()语句 2;
  else 语句 3;
```

【例 4-5】 编写程序,输入司机的性别、年龄及婚姻状况,根据要求判断公司是否为其投保。

公司根据司机情况为其投保。如果满足以下条件之一,公司为其投保:

(1)司机已婚。

(2)司机为 25 岁以上的未婚男性。

(3)司机为 22 岁以上的未婚女性。

以上条件都不满足,公司不投保。

程序代码如下:

```
#include <stdio.h>
main()
{
  int age,married;  /*1--已婚,0--未婚*/;
  char sex;  /*m--男,f--女*/;
  printf("请输入员工性别(m/f)、年龄、婚否(1/0)\n");
  scanf("%c%d%d",&sex,&age,&married);
  if(married)
    printf("公司为您投保");
  e  lse
    if((age>=25&&sex=='m')||(age>=22&&sex=='f'))
      printf("公司为您投保");
    else
      printf("公司不为您投保");
}
```

程序运行结果如图 4-12 所示。

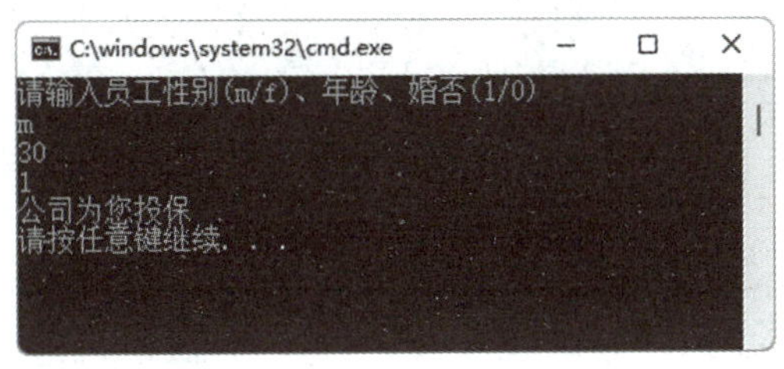

图 4-12 【例 4-5】运行结果

在程序中，婚否用数字 1/0 表示，男女用 m/f 表示，这是人们对此类数据惯用的表示方法，有利于程序设计。

4.4.4 多分支 if…else…if 语句

多分支 if…else…if 语句实际上也是一种特殊的嵌套 if 语句，不断在 else 子句中嵌套 if 语句可形成多层嵌套。用以下形式表示多分支 if…else…if 语句，使得程序读起来既层次分明，又不占太多的篇幅。

```
if(表达式 1)语句 1;
else if(表达式 2)语句 2;
else if(表达式 3)语句 3;
……
else if(表达式 m)语句 m;
else 语句 n;
```

以上嵌套的 if 语句可以理解为：从上向下逐一对 if 后的表达式进行检测。当某一个表达式的值为非 0 时，就执行与此有关子句中的语句，其余部分不执行，直接越过去。如果所有表达式的值都为 0，则执行最后的 else 子句。

【例 4-6】 编写程序，根据输入的学生成绩给出相应的等级，大于等于 90 分的等级为 A，60 分以下的等级为 E，其余每 10 分为一个等级。

程序代码如下：

```
#include <stdio.h>
main()
{
  int score;
  printf("Please input score:");
```

```
    scanf("%d",&score);
    if(score<60)
    printf("%d---------E\n",score);
    else if(score<70)
    printf("%d---------D\n",score);
    else if(score<80)
    printf("%d---------C\n",score);
    else if(score<90)
    printf("%d---------B\n",score);
    else printf("%d---------A\n",score);
}
```

程序运行结果如图 4-13 所示。

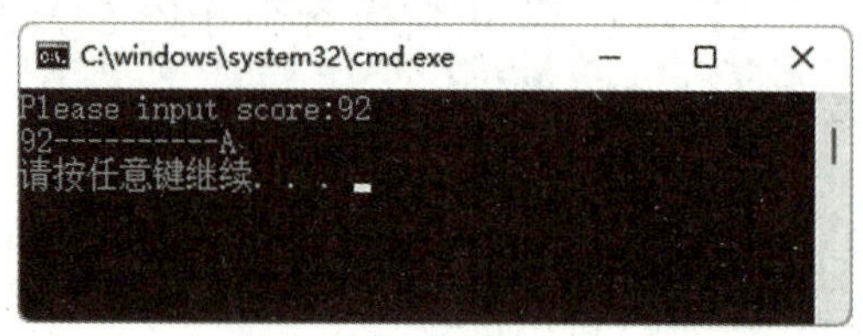

图 4-13 【例 4-6】运行结果

4.4.5 条件运算符与条件表达式

条件运算符由“?”号和“:”号组成，是 C 语言中仅有的一个三目运算符，该运算符需要 3 个操作数，它能够实现简单的选择功能，条件表达式的形式为

```
表达式 1? 表达式 2:表达式 3
```

其中，表达式 1 必须是布尔型；表达式 2 和表达式 3 可以是任何类型，且类型可以不同。条件表达式的类型为表达式 2 和表达式 3 中类型高的一个类型。

条件表达式的执行顺序如下：先求表达式 1 的值，若表达式 1 的值为非零，则整个条件表达式的值为表达式 2 的值；若表达式 1 的值为零，则整个条件表达式的值为表达式 3 的值。

【例 4-7】 阅读下面的程序，了解三目运算符组成的表达式计算。

```
#include <stdio.h>
#include <stdlib.h>
void main(){
int x,y;
x=2;
y=7;
printf("x和y中的最大值是：%d\n",x>y? x:y);
/*使用条件表达式判断最大值*/
x=9;
y=4;
printf("x和y中的最大值是：%d\n",x>y? x:y);
}
```

程序运行结果如图 4-14 所示。

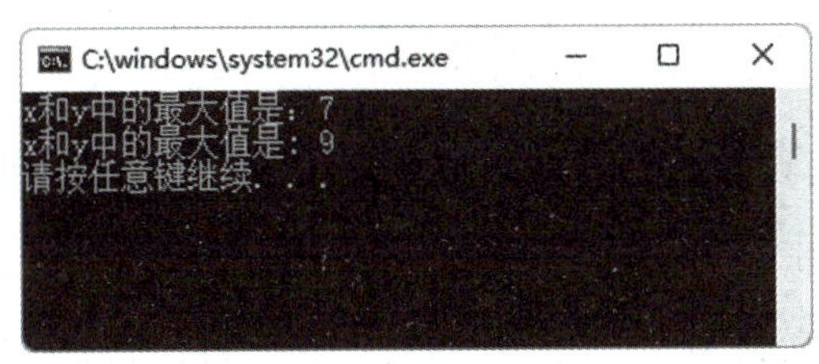

图 4-14 【例 4-7】运行结果

使用条件表达式需要注意以下几点：

(1)条件表达式并不能取代所有的 if…else 语句，只有 if…else 语句中内嵌的语句为赋值语句且两个分支都给同一个变量赋值时才能代替 if…else 语句。下面的 if…else 语句就无法用条件表达式直接代替：

```
if(a>b)
  printf("%d\n",a);
else
  printf("%d\n",b);
```

但是它可以用语句“printf("%d\n",a>b?a:b);”代替，将条件表达式 a>b?a:b 的值输出。

(2)在条件表达式中，条件 1 的类型可以与条件 2 和条件 3 的类型不同，也就是说，表达式 1 的最终类型是逻辑型，即 C 语言中用“1”和“0”代表“真”和“假”。例如，在 x? a:b 中,x 是整型变量,若 x==0,则条件表达式的值为 b,否则,条件表达式的值为 a。

(3)条件表达式中的表达式 2 和表达式 3 的类型也可以不同,此时条件表达式值的数据类型为两者中较高的数据类型。例如,x>y? 1:1.5,如果 x 小于等于 y,则条件表达式的值为 1.5;若 x 大于 y,则条件表达式的值应为 1,但由于 1.5 是浮点类型,比整数类型高,因此应将 1 转换为浮点类型 1.0。

(4)条件表达式可以嵌套,即在同一个条件表达式中可以多次出现条件运算符。例如:

```
k=(c<=9)?1:((c<='z')?2:(3*2));
```

该语句的含义是:如果 c 小于等于 9,则 k 的值为 1,否则,如果 c 小于等于 z,则 k 的值为 2,否则 k 的值为 6(3*2)。

4.4.6 switch 语句

多分支可以使用嵌套的 if 语句处理,但如果分支较多,嵌套的 if 语句层数多,会使程序冗长,降低可读性。switch 语句又称为开关语句,专门用来处理多分支选择问题,比复合 if 语句及嵌套 if 语句更方便、灵活,而且程序可读性也更好。

switch 语句的语法格式如下:

```
switch(表达式)
{
  case 常量 1:语句 1;break;
  case 常量 2:语句 2;break;
  ......
  case 常量 n:语句 n;break;
  default: 语句 n+1;
}
```

其含义为:先计算表达式的值,判断此值是否与某个常量的值匹配,如果匹配,控制流程就转向其后的语句,否则,检查 default 是否存在,若存在,则执行其后相应的语句,否则结束 switch 语句。switch 语句流程图如图 4-15 所示。

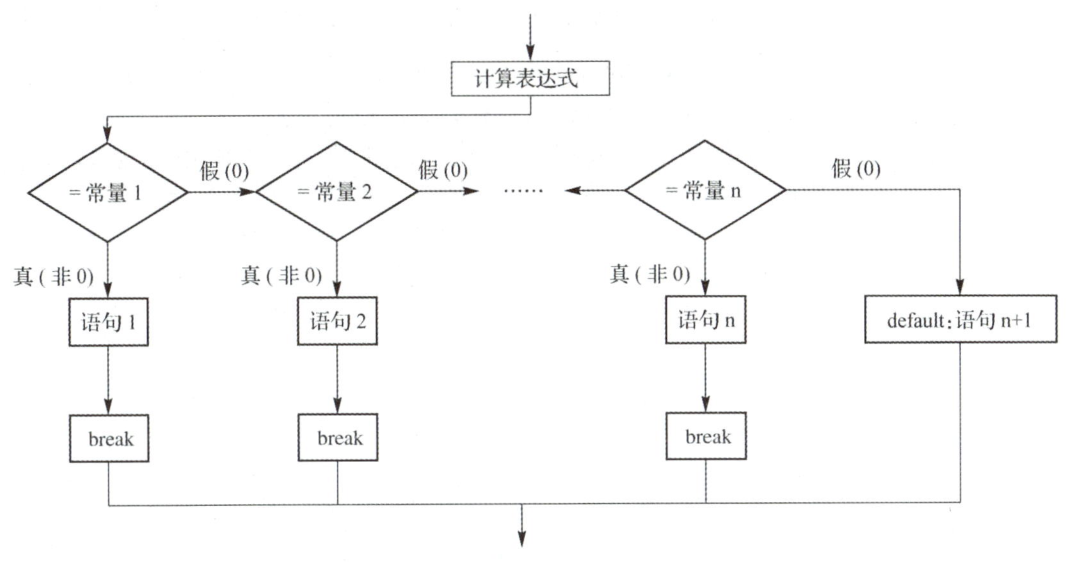

图 4-15 switch 语句流程图

switch 语句的说明如下：

(1)switch 括号后面的表达式允许为任何类型，一般为整型或字符型等有序类型。

(2)当表达式的值与某个 case 后面的常量表达式的值相等时，就执行此 case 后面的语句。如果表达式的值与所有常量表达式都不匹配，就执行 default 后面的语句(如果没有 default，就跳出 switch，执行 switch 语句后面的语句)。

(3)各个常量表达式的值必须互不相同，否则会出现矛盾。

(4)各个 case、default 出现的顺序不影响执行结果。

(5)执行完一个 case 后面的语句后，若子句最后没有 break，则流程控制转移到下一个 case 中的语句继续执行。此时，“case 常量表达式”只是起到语句标号的作用，并不在此处进行条件判断。在执行一个分支后，可以使用 break 语句使流程跳出 switch 结构，即终止 switch 语句的执行(最后一个分支可以不用 break 语句)。

注意：switch 语句中本来不包含 break 语句，但 switch 语句不像 if 语句一样只要满足某一条件就可在执行相应的分支后自动结束选择。在 switch 语句中，当表达式的值与某个常量表达式的值相等时，就执行后面对应的语句，然后不进行判断，继续执行后面所有的 case 分支语句，因此需要在相应的 case 分支的最后加上 break 以帮助结束选择。

(6)case 后面如果有多条语句，不必用{}括起来。

(7)多个 case 可以共用一组执行语句(注意 break 使用的位置)。

(8)在关键字 case 和常量表达式之间一定要有空格。

【例 4-8】 使用 switch 语句完成成绩等级划分。D 为不及格(<60)、C 为及格(60～79)、B 为良好(80～89)、A 为优秀(90～100)。

程序代码如下：

```
#include <stdio.h>
main()
{
  float score;
  char ch;
  scanf("%f",&score);
  switch((int)(score/10.0))
  {
    case 10:
    case 9:ch='A';break;
    case 8:ch='B';break;
    case 7:
    case 6:ch='C';break;
    default:ch='D';
  }
  printf("score=%.1f,grade=%c\n",score,ch);
}
```

程序运行结果如图 4-16 所示。

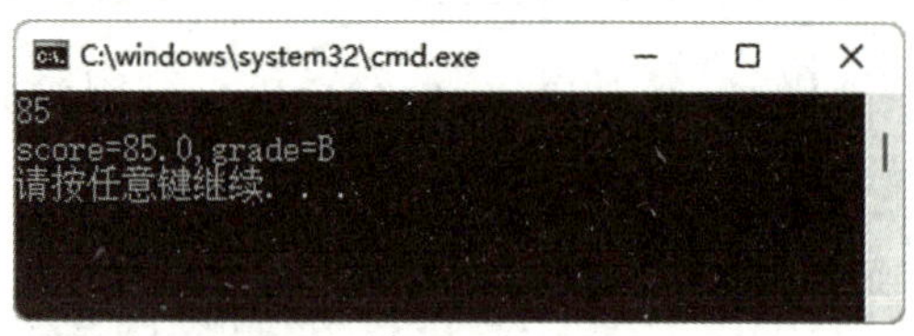

图 4-16 【例 4-8】运行结果

4.5 循环结构

循环结构是程序中一种很重要的结构。其特点是：在给定条件成立时，反复执

行某程序段，直到条件不成立为止。给定的条件称为循环条件，反复执行的程序段称为循环体。循环结构是由循环语句来实现的。C 语言提供了多种循环语句，可以组成不同形式的循环结构。

4.5.1 while 循环语句

while 语句是实现循环结构的常用语句之一，常用于实现当型循环。

1. 语法

while 语句的语法格式如下：

```
while(表达式)
{
循环体
}
```

while 是关键字，其中的表达式称为循环条件，语句序列称为循环体。

当逻辑表达式为真(非 0)时，重复执行循环体语句；当逻辑表达式为 0 时，终止循环，执行下一条语句。while 语句的特点是先判断，后执行。其流程图如图 4-17 所示。

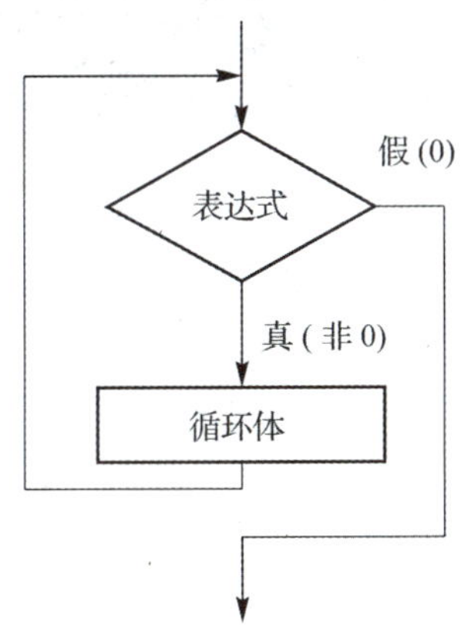

图 4-17 while 语句流程图

使用 while 语句需要注意以下几点：

(1)while 语句的特点是先计算表达式的值，然后根据表达式的值决定是否执行循环体中的语句。因此，如果表达式的值一开始就为假，那么循环体一次也不执行。

(2)当循环体由多个语句组成时，必须用{}括起来，形成复合语句。

(3)在循环体中应有使循环趋于结束的语句，以避免死循环的发生。

【例 4-9】 用 while 语句计算 s=1+2+3+…+100。

程序代码如下：

```
#include <stdio.h>
main()
{
int i,s;
i=1;s=0;                          /*设循环初值*/
while(i<=100)                     /*循环终止判断*/
{
s=s+i;                            /*循环体设计*/
i=i+1;
}
printf("1+2+3+…+100=%d\n",s);
}
```

程序运行结果如图 4-18 所示。

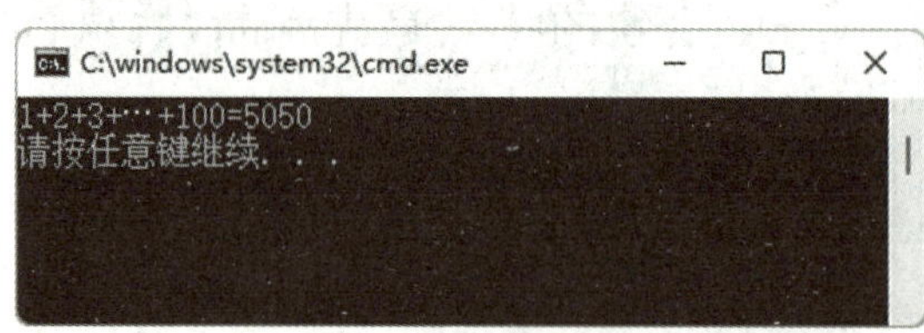

图 4-18 【例 4-9】的运行结果

2. 循环结构程序设计的关键

(1)循环体的设计。遇到数列求和、求积的一类问题，一般可以考虑使用循环解决。

累加：s=s+item；

累乘：p=p*item；

计数：c=c+1；

(2)注意循环初值的设置。一般地，常常将累加器设置为 0，将累乘器设置为 1。注意循环控制变量初值、步长和终值的设置。

```
s=0;i=1;while(i<=100){s=s+i;i++;}
s=0;i=0;while(i<100) {i++; s=s+i;}
```

(3)设计特殊输入数据(远离正常数据)作为终止循环条件。循环体中要做重复的工作,同时应有使循环趋于结束的语句。

【例 4-10】 求若干名学生的某门课程的平均成绩,设置输入−1 时终止循环。

程序代码如下:

```
#include <stdio.h>
main()
{
int score,n=0;
float sum=0,ave;
printf("\ninput scores:");
scanf("%d",&score);
while(score!=-1)                    /*循环终止判断*/
{
sum+= score;
n++;
scanf("%d",&score);
}
ave=sum/n;
printf("average score=%.1f\n",ave);
}
```

程序运行结果如图 4-19 所示。

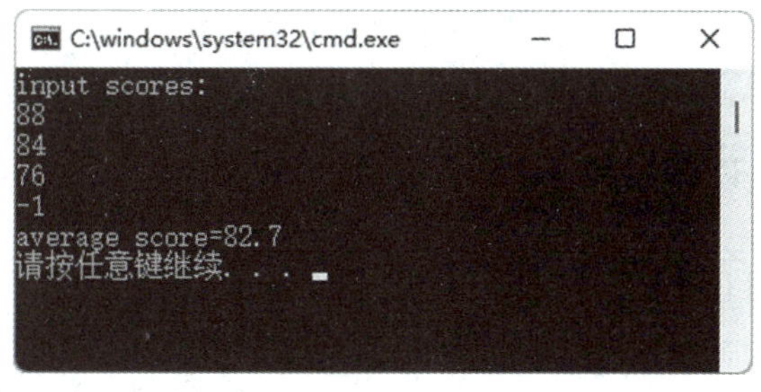

图 4-19 【例 4-10】运行结果

(4)设置某一项(趋于 0)小于某一很小的数值或满足什么条件时终止循环。

【例 4-11】 编写程序,利用公式 $\pi/4=1-13+15-17+\cdots$,求 π 的近似值,直到最后一项的绝对值小于 10^{-6} 为止。

程序代码如下：

```
#include <stdio.h>
#include <math.h>
main()
{
int i=1,sign=1;
float s=0,item=1,pi;
while(fabs(item)>=1e-6)
{
s=s+item;
sign=-sign;
i+=2;
item=(float)sign/i;
}
printf("pi=%f\n",4*s);
}
```

程序运行结果如图 4-20 所示。

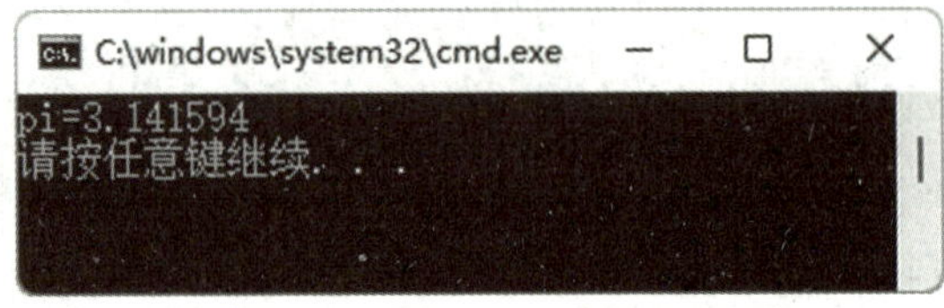

图 4-20 【例 4-11】运行结果

4.5.2 do…while 语句

do…while 语句可以实现直到型循环，先无条件地执行循环体语句，再进行判断。直到条件为假，退出循环。

do…while 语句的语法格式如下：

```
do
  循环体
while(表达式);
```

执行循环体语句，当逻辑表达式为真(非 0)时，重新执行循环体语句；当逻辑表达式为假(0)时，终止循环，执行下一条语句。特点是先执行，后判断。其流程图如图 4-21 所示。

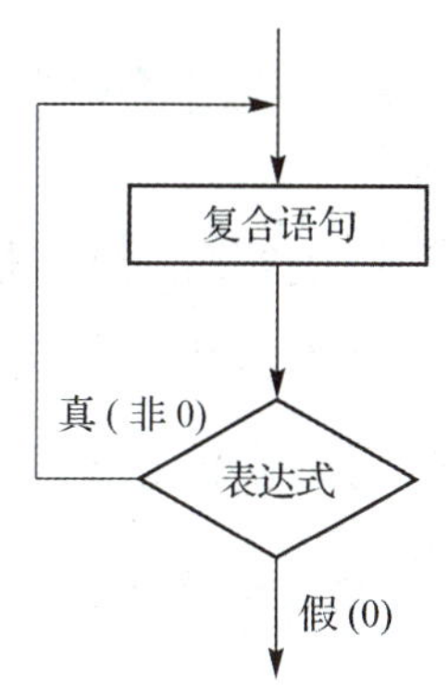

图 4-21 do…while 语句流程图

有关 do…while 语句的说明如下：

(1)do…while 循环总是先执行一次循环体，然后求表达式的值，因此，无论表达式是否为真，循环体至少执行一次。

(2)do…while 循环与 while 循环十分相似，它们的主要区别是：while 循环先判断循环条件再执行循环体，循环体可能一次也不执行。do…while 循环先执行循环体，再判断循环条件，循环体至少执行一次。

(3)循环体中应该有使循环趋于终止的语句。

【例 4-12】 编写程序，求满足 1+2+3+…+n<1 000 时 n 的最大值及累加和。

程序代码如下：

```
#include <stdio.h>
main()
{
  int n=0,s=0;/*设循环初值*/
  do
  {
  n=n+1;
  s=s+n;
  }
  while(s<1000);
  printf("n=%d,sum=%d\n",n-1,s-n);
}
```

程序运行结果如图 4-22 所示。

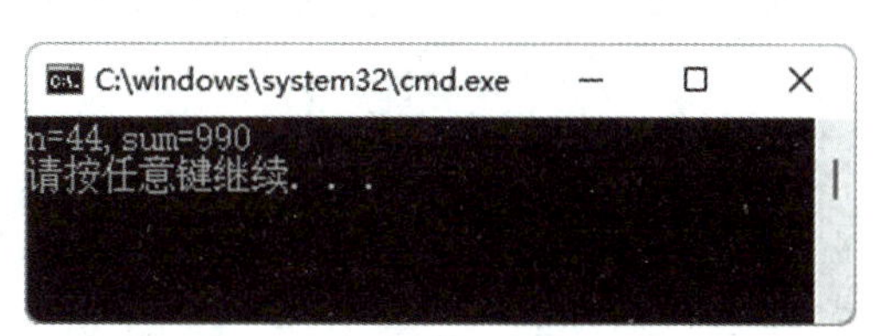

图 4-22 【例 4-12】运行结果

4.5.3 for循环语句

for 语句是实现循环最常用的语句。它不仅可以用于循环次数确定的情况，也可以用于循环次数不确定而只给出循环结束条件的情况。

for 语句的语法格式如下：

```
for(表达式 1;表达式 2;表达式 3)
  循环体
```

for 是关键字，其后有 3 个表达式，各个表达式之间用“;”分隔。3 个表达式可以是任意的表达式，通常主要用于 for 循环控制。

for 循环执行过程如下：

(1)计算表达式 1。

(2)计算表达式 2，若其值为非 0(循环条件成立)，则转步骤(3)执行循环体；若其值为 0(循环条件不成立)，则转步骤(5)结束循环。

(3)执行循环体。

(4)计算表达式 3，然后转步骤(2)判断循环条件是否成立。

(5)结束循环，执行 for 循环之后的语句。

for 循环流程图如图 4-23 所示。

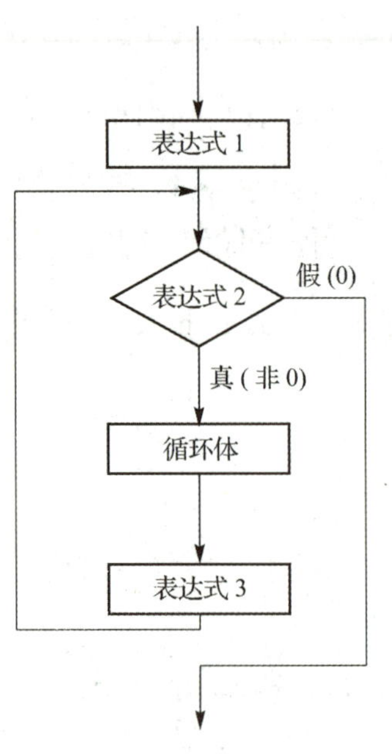

图 4-23　for 循环流程图

关于 for 语句的几点说明如下：

(1)表达式 1 或循环初值可以放在语句之前，但分号不能省略。例如：

```
for(i=1;i<=100;i++)
  s=s+i;
```

循环初值放在 for 语句之前实现如下：

```
i=1;
for(;i<=100;i=i+1)
  s=s+i;
```

(2)如果省略表达式 2，即不在表达式 2 的位置判断循环终止条件，循环无终止

地进行，也就是认为表达式 2 始终为“真”，则应该在其他位置（如循环体）安排检测及退出循环的机制。

(3)可以省略表达式 3，但应该设法保证循环终止。例如：

```
for(i=1;i<=100;) {s=s+i; i=i+1;}
```

(4)可以省略表达式 1 和表达式 3，但应该设法保证循环终止。例如：

```
i=1;
for(;i<=100;) {s=s+i; i=i+1;}
```

(5)可以省略表达式 1、2 和 3，但两个分号不能省，循环体无终止。例如：

```
for(;;)printf("*");
```

循环将无限制地执行而形成无限循环（死循环）。

(6)表达式 1 和表达式 3 可以是逗号表达式。例如：

```
for(s=0,i=1;i<=100;s+=i,i++){…}
```

从上面的说明可以看出，C 语言的 for 语句功能强大，使用灵活，可以把循环体和一些与循环控制无关的操作也都作为表达式出现，程序短小简洁。但是，如果过分使用这个特点会使 for 语句显得杂乱，降低程序可读性。建议不要把与循环控制无关的内容放在 for 语句的 3 个表达式中，养成程序设计的良好风格。

【例 4-13】 从键盘输入 5 位学生的成绩，编程计算并输出平均分、最高分和最低分。

程序代码如下：

```
#include <stdio.h>
main()
{
  int i;
  float score,max=-1,min=101,sum=0;
  for(i=0;i<5; i++)
  {
  printf("\n请输入第%d位同学的成绩:",i+1);
```

```
    scanf("%f",&score);
    sum+=score;
    if(score>max) max=score;
    if(score<min) min=score;
    }
    printf("average=%.1fmax=%.1fmin=%.1f \n",sum/5,max,min);
}
```

程序运行结果如图 4-24 所示。

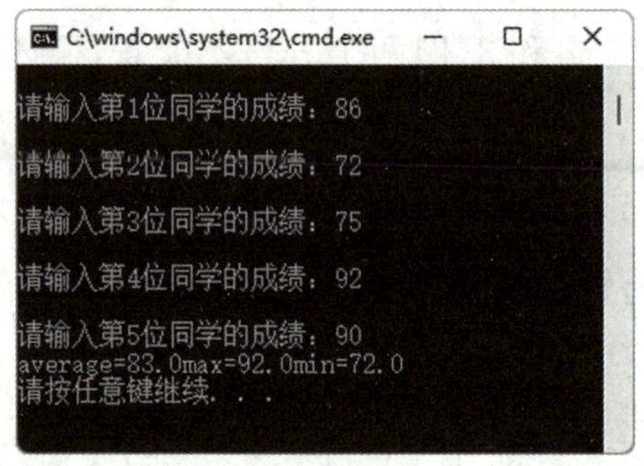

图 4-24 【例 4-13】运行结果

【例 4-14】 计算 n!。

程序代码如下：

```
#include <stdio.h>
main()
{
    float fact;
    int i,n;
    fact=1.0;
    scanf("%d",&n);
    for(i=1; i<=n; i++)
    fact*=i;
    printf("%d!=%.0f\n",n,fact);
}
```

程序运行结果如图 4-25 所示。

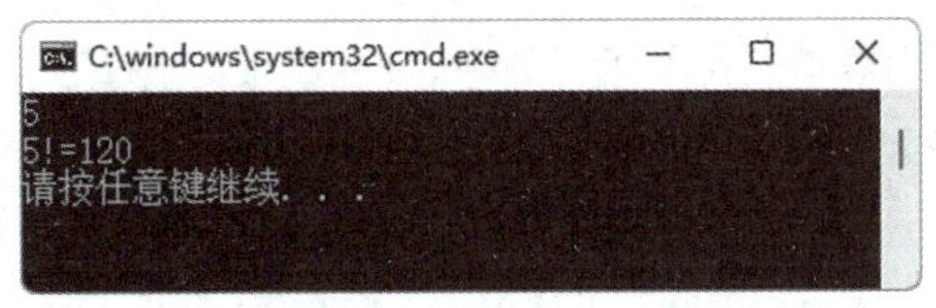

图 4-25 【例 4-14】运行结果

注意：程序中将 fact 定义为 float，若将其定义为 int 或 long，则输入的 n 值大一点儿时，就得不到理想的结果。另外，累乘变量初始化为 1(fact=1.0)。

4.5.4 循环嵌套

一个循环内又包含另一个循环称为循环的嵌套。内循环中还可以嵌套循环。按照循环的嵌套次数，可有二重循环、三重循环等。一般将处于内部的循环称为内循环，将处于外部的循环称为外循环。3 种循环语句 for 语句、while 语句和 do…while 语句可以相互嵌套。

(1)一个循环体必须完整地嵌套在另一个循环体内，不能出现交叉现象。

(2)多层循环的执行顺序是：最内层先执行，由内向外逐步展开。

(3)3 种循环语句构成的循环可以相互嵌套。

(4)并列循环允许使用相同的循环变量，但嵌套循环不允许。

(5)嵌套的循环要采用缩进格式书写，使程序层次分明，便于阅读和调试。

【例 4-15】 打印九九乘法表，形式如下：

1＊1=1　1＊2= 1　1＊3= 3 … 1＊9= 9

2＊1=2　2＊2= 4　2＊3= 6 … 2＊9=18

…

9＊1=9　9＊2=18　9＊3=27 … 9＊9=81

程序代码如下：

```
#include <stdio.h>
main()
{
  int i,j;
  for(i=1;i<=9;i++)
  {
  for(j=1;j<=9;j++)
```

```
    printf("%3d*%d=%2d",i,j,i*j);
    printf("\n");
  }
}
```

程序运行结果如图 4-26 所示。

```
C:\windows\system32\cmd.exe
 1*1= 1  1*2= 2  1*3= 3  1*4= 4  1*5= 5  1*6= 6  1*7= 7  1*8= 8  1*9= 9
 2*1= 2  2*2= 4  2*3= 6  2*4= 8  2*5=10  2*6=12  2*7=14  2*8=16  2*9=18
 3*1= 3  3*2= 6  3*3= 9  3*4=12  3*5=15  3*6=18  3*7=21  3*8=24  3*9=27
 4*1= 4  4*2= 8  4*3=12  4*4=16  4*5=20  4*6=24  4*7=28  4*8=32  4*9=36
 5*1= 5  5*2=10  5*3=15  5*4=20  5*5=25  5*6=30  5*7=35  5*8=40  5*9=45
 6*1= 6  6*2=12  6*3=18  6*4=24  6*5=30  6*6=36  6*7=42  6*8=48  6*9=54
 7*1= 7  7*2=14  7*3=21  7*4=28  7*5=35  7*6=42  7*7=49  7*8=56  7*9=63
 8*1= 8  8*2=16  8*3=24  8*4=32  8*5=40  8*6=48  8*7=56  8*8=64  8*9=72
 9*1= 9  9*2=18  9*3=27  9*4=36  9*5=45  9*6=54  9*7=63  9*8=72  9*9=81
请按任意键继续. . .
```

图 4-26　打印九九乘法表程序运行结果

【例 4-16】 打印以下图案。

```
*
* * *
* * * * *
* * * * * * *
* * * * * * * * *
```

程序代码如下：

```
#include <stdio.h>
main()
{
  int i,j;
  for(i=1;i<=5;i++)                 /*控制行数*/
  {
    for(j=1;j<=20-i;j++)            /*控制每行开始的空格个数*/
      printf("");
    for(j=1;j<=2*i-1;j++)           /*控制每行*的个数*/
      printf("*");
    printf("\n");                   /*每输出一行后换行*/
```

```
    }
    }
```

4.5.5 break 语句和 continue 语句

在循环程序执行过程中，有时需要终止循环。C 语言中提供了两个循环中断控制语句，即 break 语句和 continue 语句。break 语句跳出本层循环不再执行，continue 语句是结束本次循环，下次循环可以继续执行。多层循环可以设置一个标志变量，逐层跳出。

1. break 语句

break 语句用于跳出 switch 语句或跳出本层循环体，其语法格式如下：

视频

break 语句

```
break;
```

(1)break 语句只用于循环语句或 switch 语句中。在循环语句中，break 语句常常和 if 语句一起使用，表示当条件满足时，立即终止循环。注意 break 不是跳出 if 语句，而是跳出循环结构。

(2)循环语句可以嵌套使用，break 语句只能跳出(终止)其所在的循环，而不能跳出多层循环。要实现跳出多层循环可以设置一个标志变量，控制逐层跳出。

【例 4-17】 编写程序，判断从键盘输入的自然数是否为素数(质数)。

需要说明以下几点：

(1)所谓素数，就是只能被 1 和它自身整除的大于 1 的整数。

(2)要判断 n 是否为素数，就要用 2、3、…、$n-1$ 分别除 n，如果都不能被整除，则 n 就是素数，正常退出循环；如果其中某个数被 n 整除，则 n 不是素数，需要退出循环。

实际上要判断 n 是不是素数，只要用 2、3、…、n 分别除 n 即可。

程序代码如下：

```
#include <stdio.h>
#include <math.h>
main()
{
  int i,n,k;
```

```
    printf("Input a number(>1):");
    scanf("%d",&n);
    k=sqrt(n);
    for(i=2;i<=k;i++)
      if(n%i==0) break;
    if(i>k)
      printf("%d is a prime number.\n",n);
    else
      printf("%d is not a prime number.\n",n);
}
```

程序运行结果如图 4-27 所示。

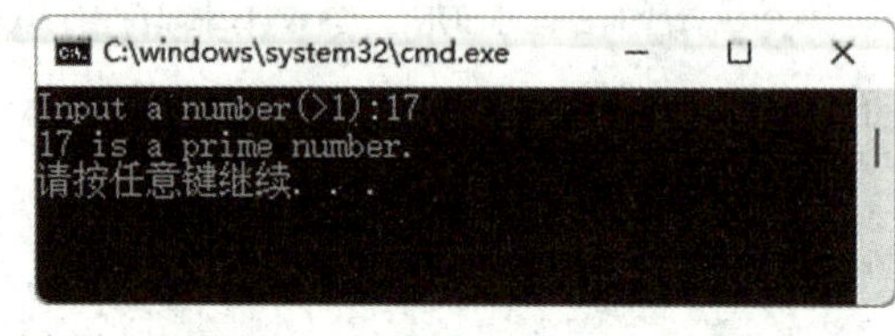

图 4-27 【例 4-17】运行结果

程序说明如下。

(1)程序中的 k 值可以是 n−1、n/2 或 n,只有当 k 为 n 时判断的次数最少,程序最优。

(2)经过分析可知,在 for 循环中只要某次“n%i==0”,则判定 n 不是素数从而跳出循环。但在输出这个数是不是素数时还要比较 i 与 k 的值,如果判断条件写错了就会前功尽弃。因此采用一个标识变量会使程序更明晰,这也是程序设计过程中常用的技巧。

采用标识变量后的程序代码如下:

```
#include <stdio.h>
#include <math.h>
main()
{
    int i,n,k,flag=1;
    printf("Input a number(>1):");
    scanf("%d",&n);
    k=sqrt(n);
    for(i=2;i<=k;i++)
      if(n%i==0)
      {
```

```
        flag=0;
        break;
      }
    if(flag)
      printf("%d is a prime number.\n",n);
    else
      printf("%d is not a prime number.\n",n);
  }
```

2. continue 语句

视频

continue 语句

continue 语句的语法格式如下：

```
continue;
```

continue 语句用于结束本次循环，即跳出本层循环中余下的尚未执行的语句，接着执行下一次循环条件的判定。执行 continue 语句并没有使整个循环终止，注意其与 break 的不同。

在 while 和 do…while 循环中，continue 语句使流程直接跳到循环控制条件的测试部分，然后决定循环是否继续执行。在 for 循环中，遇到 continue 后，跳过循环体中余下的语句，而计算 for 语句中表达式 3 的值，然后测试表达式 2 的条件，最后根据表达式 2 的值来决定 for 循环是否执行。

【例 4-18】 输出 10～30 不能被 3 整除的数。

程序代码如下：

```
#include <stdio.h>
main()
{
  int n;
  for(n=10;n<=30;n++)
  {
    if(n%3==0) continue;
    printf("%d  ",n);
  }
}
```

程序运行结果如图4-28所示。

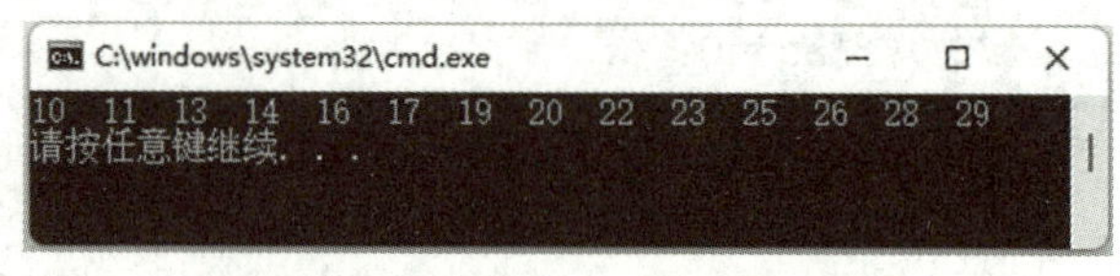

图4-28 【例4-18】运行结果

当n能被3整除时，执行continue语句，结束本次循环(跳过printf函数语句)，只有n不能被3整除时才执行printf函数。当然，循环体改用下面一个语句处理更简洁：

```
if(n%3!=0) printf("%d  ",n);
```

总结反思

本模块主要学习了3种基本的程序结构，包括顺序结构、选择结构、循环结构，还学习了数据的输入与输出。本模块的重点知识如下。

1. 输出函数printf

printf函数是C语言提供的标准输出函数，调用输出函数构成输出语句，格式如下：

```
printf("格式控制字符串",输出表列);
```

使用输出函数时要注意以下几点：

(1)若一个整数很大，要用“%ld”格式控制符控制输出，若用“%d”，一旦该数据超出范围，就不能被正确输出。

(2)在用一个printf函数输出多个数据时，若格式控制字符串中除含有%开头的控制符外，还含有其他字符，输出时，这些字符原样输出；若不含其他字符，各输出数据会连续排列，要注意给出的输出格式。

(3)所有函数的参数处理顺序都是从右至左的，输出时仍按各参数原有次序显示在屏幕上。

2. 输入函数scanf

scanf函数是C语言提供的标准输入函数，调用输入函数构成输入语句，格式如下：

```
scanf("格式控制字符串",地址表列);
```

使用输入函数时，要注意以下几点：

(1)scanf中要求给出变量地址，若仅仅给出变量名会出错，但不报错，只给出警告。

(2)在用一个scanf输入多个数据时，若格式控制字符串中除含有%开头的控制符外，还含有其他字符，输入时，这些字符必须原样输入，所以在scanf的格式控制字符串中一般不含控制符以外的其他字符。若要提示，建议在 scanf 之前调用 printf 函数实现字符串提示。

(3)输入字符数据时，注意空格等也是一个字符。

(4)scanf 函数中没有精度控制，如“scanf("%5.2f",&a);”是非法的。

3. 选择结构

在选择结构小节中主要学习了常见的 if 语句、条件运算符与条件表达式和 switch 语句，需要重点注意的是，if 语句与 switch 语句都可以嵌套使用，在嵌套 if 语句时的配对原则是：else 总是与最近一个“有资格配对”的 if 配对。在一个 switch 语句中的 case 后再嵌套一个 switch 语句，在执行内嵌的 switch 语句后还要执行一条 break 语句才能跳出外层的 switch 语句。

4. 循环结构

循环结构语句包括 for、while、do…while 语句的使用，以及 continue 和 break 循环控制语句的使用。循环结构程序属于 3 种基本的程序设计方法之一，其特点是在给定条件成立时反复执行某程序段，直到条件不成立为止。给定的条件称为循环条件，反复执行的程序段称为循环体。

习题

一、选择题

1. C 程序的 3 种基本结构是(　　)。

A. 顺序结构、选择结构、循环结构　　B. 循环结构、递归结构、分支结构

C. 顺序结构、嵌套结构、循环结构　　C. 顺序结构、转移结构、循环结构

2. 以下 for 循环(　　)。

```
for(x=0,y=0;(y! =123)&&(x<4); x++);
```

A. 是无限循环　　B. 循环次数不确定

C. 执行 4 次　　D. 执行 3 次

3. 以下程序段的输出结果是(　　)。

```
int x=23;
do{
```

```
  printf("%2d",x--);
}
while(!x);
```

A. 打印出 321　　B. 打印出 23

C. 不打印任何内容　　D. 陷入死循环

4. 以下程序的输出结果是(　　)。

```
#include <stdio.h>
main()
{
  int i=010,j=10;
  printf("%d,%d\n",++i,j--);
}
```

A. 11,10　　B. 9,10　　C. 010,9　　D. 10,9

5. 以下程序的输出结果是(　　)。

```
#include <stdio.h>
#include <math.h>
main()
{
  int a=1,b=4,c=2;
  float x=10.5,y=4.0,z;
  z=(a+b)/c+sqrt((double)y)*1.2/c+x;
  printf("%f\n",z);
}
```

A. 14.000000　　B. 015.400000　　C. 13.700000　　D. 14.900000

6. 以下程序的输出结果是(　　)。

```
#include <stdio.h>
main()
{
int a,b,d=241;
a=d/100%9;
```

```
b=(-1)&&(-1);
printf(" %d, %d\n",a,b);
}
```

A. 6,1　　B. 2,1　　C. 6,0　　D. 2,0

7. 若执行下面的程序时从键盘上输入 5,则输出的是(　　)。

```
main()
{
int x;
scanf(" %d",&x);
if(x++>5) printf(" %d\n",x);
elseprintf(" %d\n",x--);
}
```

A. 7　　B. 6　　C. 5　　D. 4

二、编程题

1. 编写程序。求 1－3＋5－7＋…－99＋101 的值。

2. 编程实现:输入一个整数,判断它能否被 3、5、7 整除,并输出以下信息之一:

(1)能同时被 3、5、7 整除。

(2)能被其中两数(要指出哪两个)整除。

(3)能被其中一个数(要指出哪一个)整除。

(4)不能被 3、5、7 中的任何一个整除。

需要注意的是,判断能否被某一个数整除应该采用求余运算。在一个程序中利用选择结构把 4 种可能的信息全部表示出来。

3. 编程实现:输入圆的半径 r 和运算标识符 m,按照运算标识符进行指定计算。当 m 等于 s 时,只计算圆的面积;当 m 等于 c 时,只计算圆的周长;当 m 等于 a 时,圆的面积和周长均计算。

4. 编程实现:先由计算机“想”一个 1～100 的数请操作者猜,如果猜对了,在屏幕上输出操作者猜了多少次才猜对此数,以此来反映操作者“猜”的水平,然后游戏结束,否则计算机给出提示,告诉操作者所猜的数是太大还是太小,最多可以猜 10 次,如果猜了 10 次仍未猜中,则停止本次猜数,继续猜下一个数。每次运行程序可以反复猜多个数,直到操作者想停止时才结束。

模块 5
数　组

数组是若干个相同数据的有序集合。在数组中，每一个变量称为一个数组元素。数组元素可以用一个统一的数组名和下标来唯一地确定。下标用来表示数组元素在数组中的位置。数组的特点是在程序中可以通过下标访问数组中的每一个元素。在处理大量相同类型数据的场合，使用数组是非常方便的。

按照数组下标的个数，可以把数组分为一维数组和多维数组。常用的是一维数组和二维数组。按照数组元素的数据类型可以把数组分为数值型数组、字符型数组等。

5.1 一维数组

每个元素只带一个下标的数组称为一维数组。一维数组中的各个数组元素是排成一行的一组下标变量，用一个统一的数组名来标识，用一个下标来指示其在数组中的位置，下标从 0 开始。通常借助数组下标的规律性变化，用一重循环处理一维数组的各个元素。

5.1.1 一维数组的定义

定义一维数组的语法格式如下：

```
类型名 数组名[常量表达式],……;
```

例如：

```
int a[10];/*定义了一个数组 a,元素个数为 10,数组元素类型为整型*/
```

需要说明以下几点：

(1)数组名：按标识符规则。本例中 a 就是数组名。

(2)常量表达式：常量表达式的值是正整数值，可以是一个普通常量、符号常量或常量表达式，但不能是变量，表示数组元素的个数，也称数组的长度。

整型常量表达式在说明数组元素个数的同时也确定了数组元素下标的范围，下标为 0～整型常量表达式－1(注意不是 1～整型常量表达式)。

C 语言不检查数组下标越界，但是使用时，一般不能越界使用，否则结果难以预料。

本例数组 a 中有 a[0]、a[1]、a[2]、…、a[9]共 10 个整数。

不能有如下定义：

```
int a[n];//其中 n 是变量
```

一般定义为

```
#define N 100
...
int a[N];
```

(3)类型说明：是指数据元素的类型，可以是基本数据类型，也可以是构造数据类型。类型说明确定了每个数据占用的内存字节数。

本例中的数组元素是整型，每个元素占 2 字节，因为有 10 个数组元素，所以占用 20 字节。

(4)C 编译程序为数组分配了一片连续的空间。每一个元素类型相同，各自相当于同类型的普通变量，依次占用连续空间的一部分。

(5)C 语言还规定，数组名是数组的首地址。

注意：一维数组在内存中存储时，按下标递增的次序连续存放。对于 int a[15]，数组名 a 或 a[0]是数组存储区域的首地址，即数组第一个元素存放的地址。因此，数组名是一个地址常量，不能对其进行赋值和 & 运算。

5.1.2 一维数组的初始化

数组可以在定义时初始化，给数组元素赋初值。

下面介绍数组初始化常见的几种形式。

(1)对数组所有元素赋初值,此时数组定义中的数组长度可以省略。例如:

```
int a[5]={1,2,3,4,5};
```

或

```
int a[]={1,2,3,4,5};
```

(2)对数组部分元素赋初值,此时数组长度不能省略。例如:

```
int a[5]={1,2};
a[0]=1,a[1]=2;
```

其余元素为编译系统指定的默认值0。

(3)对数组的所有元素赋初值0。例如:

```
int a[5]={0};
```

注意:如果不进行初始化,如定义“int a[5];”,那么数组元素的值是随机的,编译系统不会将其设置为默认值0。

5.1.3 一维数组的引用

引用数组元素的格式如下:

```
数组名[下标表达式]
```

注意:数组元素引用时,下标为整型的表达式,可以使用变量。

一般访问形式如下:

```
for(i=下标下界;i<下标上界;i++) {
a[i]
};
```

例如,求和的计算。

定义:

```
int a[8],i,s=0;
```

输入:

```
for(i=0;i<8;i++)
scanf("%d",&a[i]);
```

计算：

```
for(i=0;i<8;i++)
s=s+a[i];
```

输出：

```
for(i=0;i<8;i++)
printf("%d",a[i]);
```

需要说明以下几点：

(1)引用数组元素时，下标可以是整型常数、已经赋值的整型变量或整型表达式。

(2)数组元素本身可以看作同一个类型的单个变量，因此对变量可以进行的操作同样也适用于数组元素，也就是数组元素可以在任何相同类型变量可以使用的位置引用。

(3)引用数组元素时，下标不能越界，否则结果难以预料。

【例 5-1】 在歌手大奖赛中，输入 10 名评委为某选手的打分成绩，去掉一个最高分，去掉一个最低分，求该选手的最后得分。

程序代码如下：

```
#include <stdio.h>
#define N 10
main()
{
  float score[N],max,min,sum;
  int i;
  printf("请输入%d位评委打分成绩:\n",N);
  for(i=0;i<N;i++)
    scanf("%f",&score[i]);
  max=min=sum=score[0];
  for(i=1;i<N;i++)
```

```
    {
    if(score[i]>max) max=score[i];
    if(score[i]<min) min=score[i];
    sum+=score[i];
    }
    printf("去掉一个最高分%.2f,去掉一个最低分%.2f,该选手得分为:%.2f\n",
max,min,(sum-max-min)/(N-2));
  }
```

程序运行结果如图 5-1 所示。

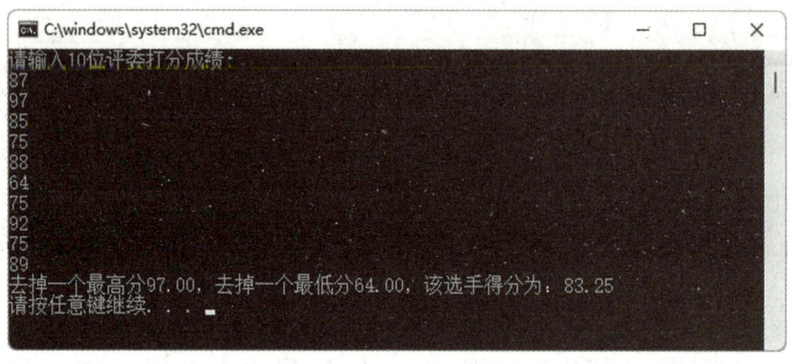

图 5-1 【例 5-1】运行结果

【例 5-2】 选择法排序,对任意输入的 10 个整数按由小到大的顺序排序。

选择法排序思路如下:从 n 个数中找出最小的数据与第一个数交换,再从后面的 n−1 个数据中找出最小的数据与第二个数交换,依次进行 n−1 次。为了便于算法的实现,考虑使用一个一维数组存放这 10 个整型数据,排序的过程中数据始终在这个数组中(原地操作,不占用额外空间),算法结束后,结果也在此数组中。

程序代码如下:

```
#include <stdio.h>
#define N 10
main()
{
  int b[N],i,j,t,k;
  for(i=0; i<N; i++)
    scanf("%d",&b[i]);
  printf("Before sorted:\n");
```

```
    for(i=0; i<N; i++)
      printf("%4d",b[i]);
    for(i=0; i<N-1; i++)
    {
      k=i;
      for(j=i+1; j<N; j++)
        if(b[j]<b[k]) k=j;
      if(i!=k )
        {t=b[i]; b[i]=b[k]; b[k]=t;}
    }
    printf("\nAfter sorted:\n");
    for(i=0; i<N; i++)
      printf("%4d",b[i]);
}
```

程序运行结果如图 5-2 所示。

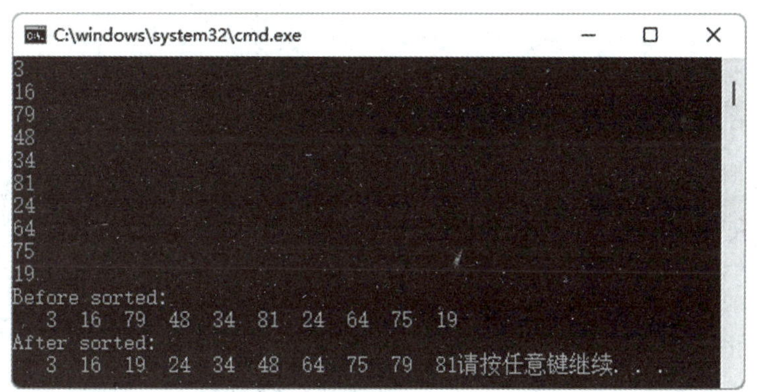

图 5-2 【例 5-2】的运行结果

5.1.4 一维数组的应用

1. 求和、求平均值问题

【例 5-3】 输入 10 个学生的 C 语言考试成绩,求其平均分。

求和、求平均值问题是比较常见的程序设计问题,在程序中,要计算 10 个学生的 C 语言平均成绩,可以采用一维数组来解决该问题。10 个学生的 C 语言成绩,可以通过键盘来输入。

参考程序如下：

```
/* 求和、求平均值问题 */
#include <stdio.h>
#define N 10/* 定义一个符号常量 N */
int main()
{
  float score[N];
  float sum=0,aver;
  int i;
  for(i=0;i<N;i++)
    scanf("%f",&score[i]);
  for(i=0;i<N;i++)
    sum+=score[i];
  aver=sum/N;
  printf("%.2f\n",aver);
  return 0;
}
```

程序运行结果如图 5-3 所示。

注意：在本程序中，把学生人数用符号常量来表示，目的是调试程序方便。

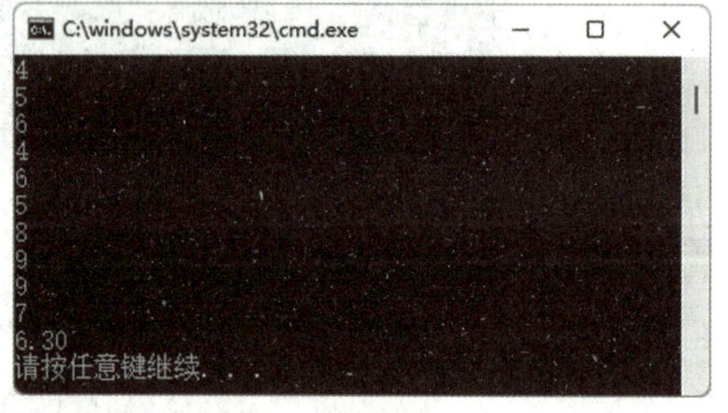

图 5-3 【例 5-3】运行结果

2. 求最值问题

【例 5-4】 数组中存储了 10 个数据，输出其中的最大数。

求一维数组的最大数时，首先将数组中的第一个数当作最大数，然后将数组中的其他各数依次与最大数比较，如果它大于最大数，那么重新给最大数赋值……直到数组中的最后一个元素为止。

先用 N-S 流程图表示其算法，如图 5-4 所示。

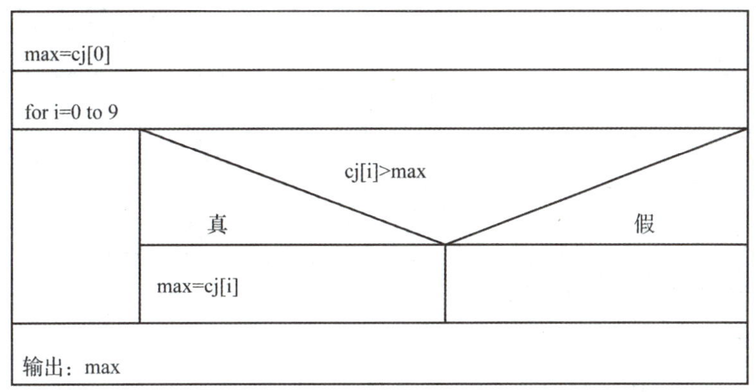

图 5-4　一维数组求最大数流程图

参考程序如下：

```
/* 输出数组中的最大数 */
#include <stdio.h>
int main()
{
  int i,cj[10]={90,86,67,59,81,72,85,98,79,61};
  int max=cj[0];
  for(i=1;i<10;i++)
    if (max<cj[i])  max=cj[i];
  printf("max:%d\n",max);
  return 0;
}
```

程序运行结果如图 5-5 所示。

在本程序中，用简单变量 max 来存储数组中的最大数。

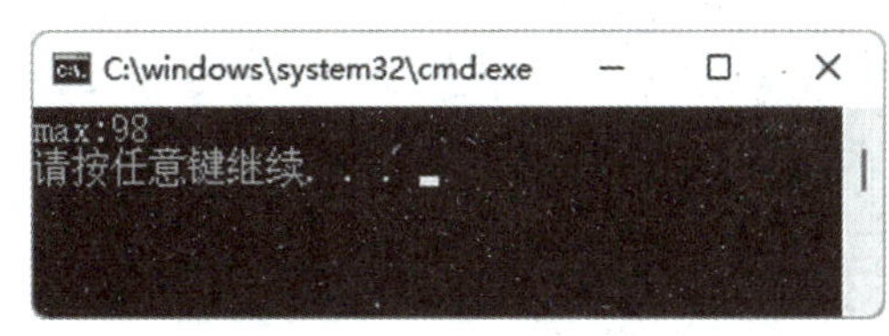

图 5-5　【例 5-5】运行结果

3. 查找问题

【例 5-5】　顺序查找一个数据在数组中的位置。

该程序是采用顺序查找的方法查找一个数据在数组中的位置。若查找成功，则输出该数据在数组中的位置；若查找失败，则输出相应信息。

参考程序如下：

```
/* 数据查找问题 */
#include <stdio.h>
#include <stdlib.h>
int main()
{
  int i,n;
  int num[]={12,27,36,89,78,45,59,94,66,37};
  scanf("%d",&n);
  for(i=0;i<10;i++)
  if(num[i]==n)
  {
    printf("数据%d在数组中的位置是%d! \n",num[i],i+1);
    exit(0);
  }
  printf("数据不在该数组中! \n");
  return 0;
}
```

程序运行结果如图 5-6 所示。

图 5-6 【例 5-5】运行结果

如果输入 num 数组中没有的数字，控制台会显示“数据不在该数组中！”。

该程序中用到了 exit(0)函数，使用该函数时，应该在程序开头包含其定义的头文件“stdlib. h”。

注意：这种顺序查找方法的执行效率较低。

4. 排序问题

【例 5-6】 用冒泡排序法对数组中的 10 个数按由小到大的顺序排序。

该程序的主要问题是排序。冒泡排序的算法如下：将相邻的两个数比较，如果是由小到大排序，则要将小的数调整到前面，将大的数调整到后面。因其过程类似于水中气泡上浮，故称为冒泡排序。假设 10 个数存放在数组 a 中，将相邻的两数 a[0]和 a[1]比较，如果 a[0]大于 a[1]，则两数交换；再将 a[1]和 a[2]比较……这样依次进行处理，到最后两个数比较并处理完毕，那么一趟结束，使得最大的数移到最后一个位置；第2趟使得第2大的数移到倒数第二的位置……这样，10个数最多需要9趟即可按照从小到大的顺序排好。

先用N-S图表示其算法，如图5-7所示。

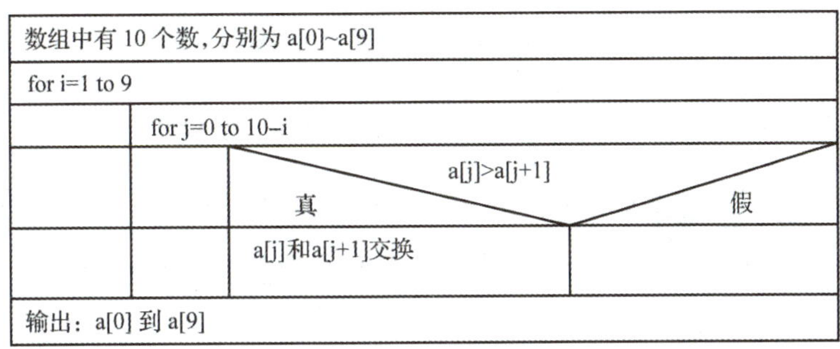

图5-7　冒泡排序流程图

参考程序如下：

```
/* 用冒泡排序法对数组中的数按由小到大的顺序排序 */
#include <stdio.h>
int main()
{
  int a[10]={90,86,67,59,81,72,85,98,79,61};
  int i,j,temp;
  for(i=1;i<10;i++)                /*10个数共需要9趟比较*/
    for(j=0;j<10-i;j++)
      if(a[j]>a[j+1])              /*将大的数后移*/
      {
        temp=a[j];
        a[j]=a[j+1];
        a[j+1]=temp;
      }
    for(i=0;i<10;i++)              /*将排序后的数组元素输出*/
    printf("%3d",a[i]);
  printf("\n");
  return 0;
}
```

程序运行结果如图 5-8 所示。

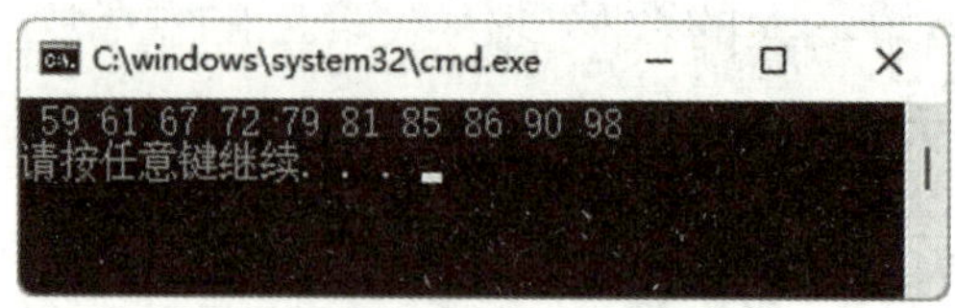

图 5-8 【例 5-6】运行结果

5.2 二维数组

二维数组是具有两个下标的数组，逻辑上可以把二维数组看作一个具有行和列的二维表格或矩阵。二维数组也用统一的数组名来标识，第一个下标表示行，第二个下标表示列。下标都是从 0 开始。

5.2.1 二维数组的定义

二维数组定义的一般形式如下：

```
数据类型 数组名[整型常量表达式][整型常量表达式];
```

例如，定义数组 a 为 5×10(5 行 10 列)的整型数组。

```
int  a[5][10];
```

定义数组 matrix 为 3×7(2×3+1 的结果)的双精度数组。

```
double matrix[3][2*3+1];
```

定义数组 names 为 26(Z－A+1 的结果)行 10 列的字符数组。

```
char names[Z-A+1][10];
```

在一个标识符后面连续出现两对方括号(其中有表示大小的整数)，就说明该标识符是二维数组名。

在数组名 a 后面是表示行数的一对方括号，紧接着是表示列数的一对方括号。这样，下述形式就是不正确的：

```
int a[5,10];
int a[5,[10]];
int a[5] [10];                          //成对方括号中间有空格
int a(5)(10);                           //应使用方括号
```

在C语言中，二维数组的元素是先按行、再按列排列的。例如：

```
int ab[4][5];
```

是4行5列的整型数组，共有20个元素。这些元素的排列情况可看成是由4行5列构成的棋盘，其中每个方格中放一个元素。但在实际存储器中，只能是一维的线性排列。因此，由编译程序实现从编制程序时所使用的抽象的二维数组，到构成一维的实际计算机存储器的映射。

在二维数组的基础上，就比较容易掌握多维数组的定义。例如，描述空间矩阵需要用三维数组：

```
double space [5][10][10];
```

注意：space是由5×10×10个双精度量组成的数组，可以把它想象成一个立体柜子，分为5层，每层有并排10个抽屉，每个抽屉又分为10个小格。更高维的数组可以用类似方式进行定义。

5.2.2 二维数组的初始化

二维数组初始化也是在类型说明时给各下标变量赋初值。二维数组可按行分段赋值，也可按行连续赋值。

例如，对数组a[5][3]：

(1)按行分段赋值可写为

```
int a[5][3]={ {80,75,92},{61,65,71},{59,63,70},{85,87,90},{76,77,85}};
```

(2)按行连续赋值可写为

```
int a[5][3]={ 80,75,92,61,65,71,59,63,70,85,87,90,76,77,85};
```

这两种赋初值的结果是完全相同的。

对于二维数组初始化赋值还有以下说明。

(1)可以只对部分元素赋初值,未赋初值的元素自动取0值。

例如:

```
int a[3][3]={{1},{2},{3}};
```

是对每一行的第一列元素赋值,未赋值的元素取0值。赋值后各元素的值为

```
1 0 0
2 0 0
3 0 0
```

再如:

```
int a [3][3]={{0,1},{0,0,2},{3}};
```

赋值后的元素值为

```
0 1 0
0 0 2
3 0 0
```

(2)若对全部元素赋初值,则第一维的长度可以不给出。

例如:

```
int a[3][3]={1,2,3,4,5,6,7,8,9};
```

可以写为

```
int a[][3]={1,2,3,4,5,6,7,8,9};
```

(3)数组是一种构造类型的数据。二维数组可以看作是由一维数组的嵌套而构成的。设一维数组的每个元素都又是一个数组,就组成了二维数组。当然,前提是各元素类型必须相同。根据这样的分析,一个二维数组也可以分解为多个一维数组。C语言允许这种分解。例如,二维数组a[3][4]可以分解为3个一维数组,其数组名分别为

```
a[0]
a[1]
a[2]
```

对这 3 个一维数组无需另做说明即可使用。这 3 个一维数组都有 4 个元素。例如，一维数组 a[0]的元素为 a[0][0]、a[0][1]、a[0][2]、a[0][3]。

必须强调的是，a[0]、a[1]、a[2]不能当作下标变量使用，它们是数组名，不是一个单纯的下标变量。

5.2.3 二维数组的引用

引用二维数组的语法格式如下：

```
数组名[下标表达式 1][下标表达式 2]
```

例如，“int a[3][4];”，则 a[0][2]、a[i][j]、a[i－k][j＋k]都是合法的数组元素引用形式，只是每个下标表达式的值都必须是整数，且不得超过上界和下界。二维数组 a 第一个元素为 a[0][0]，最后一个元素为 a [2][3]。

二维数组的操作一般由二重 for 循环（行循环、列循环）来完成。

【例 5-7】 打印 N 行的杨辉三角形，如图 5-9 所示。

i	j						
	0	1	2	3	4	5	6
0	0						
1	1	1					
2	1	2	1				
3	1	3	3	1			
4	1	4	6	4	1		
5	1	5	10	10	5	1	
6	1	6	15	20	15	6	1

图 5-9 杨辉三角形

程序分析如下：

(1)i 行的 0 列（第一列）为 1，i 行的 i 列（对角线）为 1。

```
for(i=0;i<N;i++)                    /*共N行*/
{a[i,0]=1;a[i,i]=1;}
```

(2)从第 3 行开始到最后一行。

```
for(i=2;i<N;i++)
```

(3)每行从第 2 列元素开始到第(行数－1)列。

```
for(j=1;j<i;j++)
```

(4)其他元素为其前一行同一列的元素与前一行前一列元素之和。

```
a[i][j]=a[i-1][j-1]+a[i-1][j];
```

程序代码如下：

```
#include <stdio.h>
#define N 7
main()
{
  int y[N][N],i,j;
  for(i=0;i<N;i++)
  {
    y[i][0]=1;y[i][i]=1;
  }
  for(i=2;i<N;i++)
    for(j=1;j<i;j++)
      y[i][j]=y[i-1][j]+y[i-1][j-1];
    for(i=0;i<N;i++)
    {
      for(j=0;j<30-3*i;j++)  /*打印每行的前面空格数*/
        printf(" ");
      for(j=0;j<=i;j++)      /*打印每行的数字*/
        printf("%6d",y[i][j]);
      printf("\n");          /*换行*/
  }
}
```

程序运行结果如图 5-10 所示。

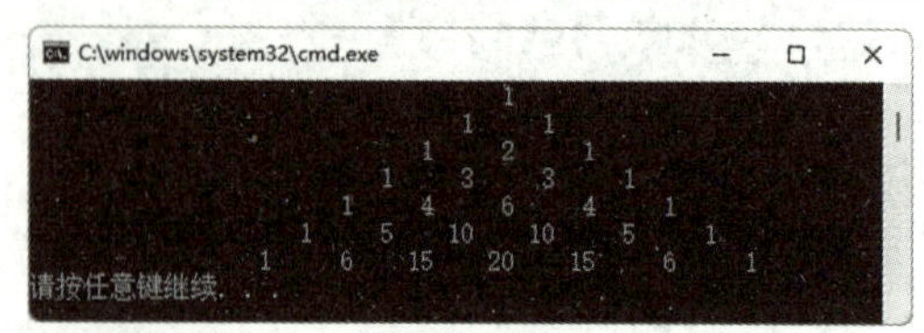

图 5-10 【例 5-7】运行结果

5.2.4 二维数组的应用

【例 5-8】 有一个 2×3 的矩阵，将其转置为 3×2 的矩阵，并显示出转置后的矩阵。

$$a=\begin{pmatrix}1 & 2 & 3\\4 & 5 & 6\end{pmatrix} \qquad b=\begin{pmatrix}1 & 4\\2 & 5\\3 & 6\end{pmatrix}$$

矩阵中的数据位置需要知道它所在的行号和列号，才能唯一确定，这与二维数组的存储结构是一致的，所以确定该问题需要用二维数组去处理，即将一个二维数组行和列进行互换后存储到另一个二维数组中。

参考程序如下：

```
/* 二维数组的应用 */
#include <stdio.h>
int main()
{
  int a[2][3]={{1,2,3},{4,5,6}};
  int b[3][2],i,j;
  printf("array a:\n");
  for(i=0;i<2;i++)
  {
    for(j=0;j<3;j++)
  {
    b[j][i]=a[i][j];
    printf("%6d",a[i][j]);
  }
  printf("\n");
  }
  printf("array b:\n");
  for(i=0;i<3;i++)
  {
    for(j=0;j<2;j++)
```

```
        printf(" %6d",b[i][j]);
        printf("\n");
    }
}
```

程序运行结果如图 5-11 所示。

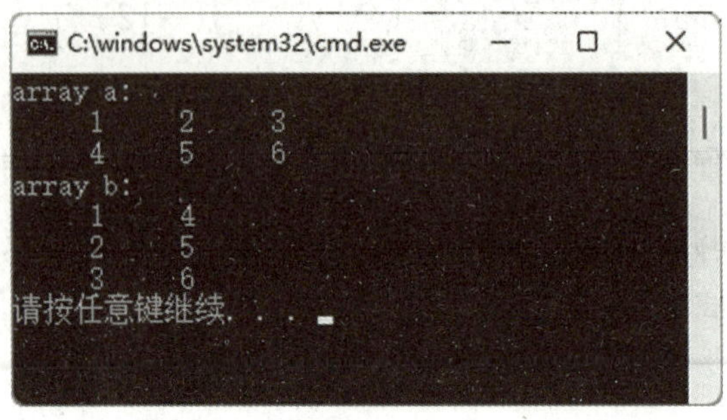

图 5-11 【例 5-8】运行结果

【例 5-9】 有一个 3×4 的矩阵,要求编程求出其中值最大的那个元素及其所在的行号和列号。

先用 N-S 流程图表示其算法,如图 5-12 所示。

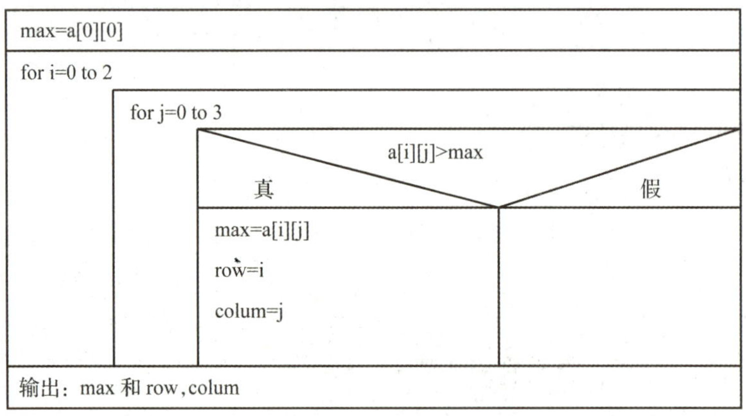

图 5-12 流 程 图

参考程序如下:

```
/* 二维数组的最大数问题 */
#include <stdio.h>
int main()
{
```

```
    int a[3][4]={{12,6,3,8},{1,26,5,19},{54,61,-3,-10}};
    int i,j,max,row=0,colum=0;
    max=a[0][0];
      for(i=0;i<3;i++)
        for(j=0;j<4;j++)
          if(a[i][j]>max)
          {max=a[i][j];
          row=i;
          colum=j;
          }
    printf("max= %d,row= %d,colum= %d\n",max,row,colum);
    return 0;
}
```

程序运行结果如 5-13 所示。

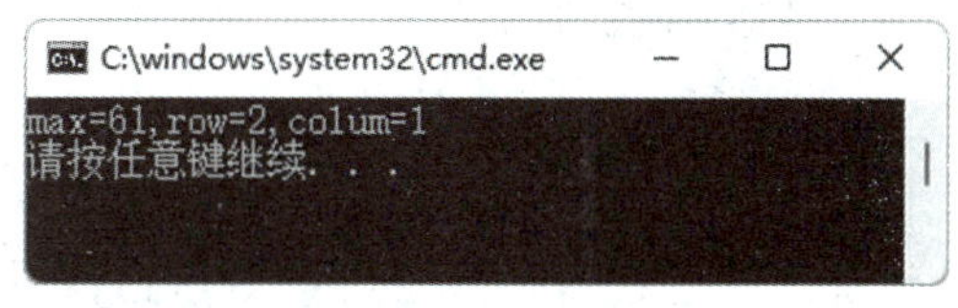

图 5-13 【例 5-9】运行结果

【例 5-10】 假设某班的某个小组有 6 个学生，每个学生参加了 3 门课程的考试，求出每个学生的平均分。

该程序要求输入 6 个学生的 3 门课程的成绩，统计出每个学生的平均分。首先要考虑的是如何获取 6 个学生 3 门课程的成绩，然后思考如何求每个学生的总分和平均分问题，最后是输出 6 个学生的平均分。

参考程序如下：

```
/*求全班每个学生的平均分问题*/
#include<stdio.h>
#define STUD_NUM 6                      /*用符号常量 STUD_NUM 代替学生人数*/
#define COURSE_NUM 3                    /*用符号常量 COURSE_NUM 代替课程数*/
void input(float a[][COURSE_NUM]);      /*声明函数 input */
void stud_aver(float a[][COURSE_NUM],float aver[]);
                                        /*函数 stud_aver 声明*/
void output(float a[][COURSE_NUM],float aver[]);    /*声明函数 output */
int main()
{
```

```
float score[STUD_NUM][COURSE_NUM];     /* 定义二维数组 score */
float aver[STUD_NUM];                  /* 定义一维数组 aver */
printf("请输入学生的成绩:\n");
input(score);                          /* 调用函数 input 输入每个学生各门课程的成绩 */
stud_aver(score,aver);                 /* 调用函数 stud_aver 计算每个学生的平均分 */
output(score,aver);                    /* 调用函数 output 输出每个学生的平均分 */
return 0;
}
void input(float a[][COURSE_NUM])      /* 定义函数 input */
{
int i,j;
for(i=0;i<STUD_NUM;i++)
{
printf("第%d个学生:\n",i+1);
for(j=0;j<COURSE_NUM;j++)
{
printf("第%d课程成绩:",j+1);
scanf("%f",&a[i][j]);
}
}
}
                                       /* 求每个学生的平均分 */
void stud_aver(float a[][COURSE_NUM],float aver[])
{
int i,j;
float sum;
for(i=0;i<STUD_NUM;i++)
{
sum=0;
for(j=0;j<COURSE_NUM;j++)
{
sum+=a[i][j];
}
```

```
aver[i]=sum/COURSE_NUM;
}
}
                                        /*输出每个学生的各科成绩及平均分*/
void output(float a[][COURSE_NUM],float aver[])
{
int i,j;
for(i=0;i<STUD_NUM;i++)
{
printf("%5d\t",i+1);
for(j=0;j<COURSE_NUM;j++)
{
printf("%.2f\t",a[i][j]);
}
printf("%.2f",aver[i]);
printf("\n");
}
}
```

程序运行结果如图 5-14 所示。

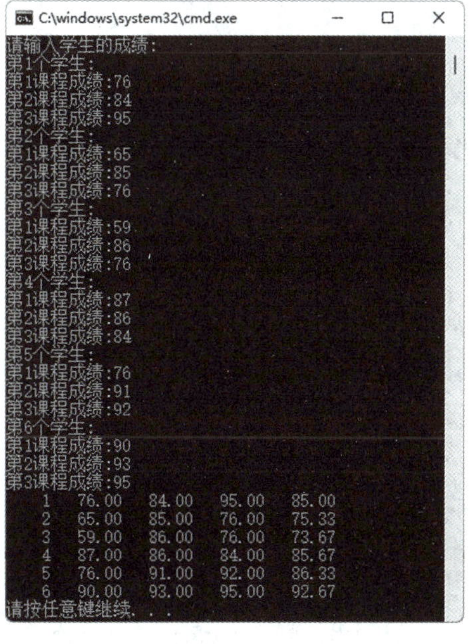

图 5-14 【例 5-10】运行结果

该程序功能主要由 3 个函数实现，函数 input 用来给二维数组提供数据；函数 stud_aver 用来计算每个学生的总分和平均分；函数 output 用来输出每个学生的各科成绩及平均分。

5.3 字符数组和字符串

字符数组是存放字符型数据的数组，其中每个数组元素存放的值都是单个字符。字符数组分为一维字符数组和多维字符数组，一维字符数组常常存放一个字符串，二维字符数组常用于存放多个字符串，可以看作一维字符串数组。

5.3.1 字符数组

1. 字符数组的定义

定义字符数组的语法格式如下：

```
char 数组名[常量表达式],……;
```

例如：

```
char c[10];                         /*分配 10 个字符型的连续存储空间*/
```

2. 字符数组的初始化

与一般数组的初始化方法相同，可以逐个字符赋给数组中的各元素。例如：

```
char c[10]={'I',' ','a','m',' ','h','a','p','p','y'};
```

把 10 个字符分别赋给 c[0]～c[9]。

如果[]中提供的字符个数大于数组长度，则按语法错误处理。如果字符个数小于数组长度，则只将这些字符赋给数组中前面那些元素，其余的元素自动定为空字符('\0')。例如：

```
char c[10]={'h','e','l','l','o' };  /*c[5]~c[9]均为空字符*/
```

如果提供的字符个数与预定的数组长度相同，在定义时可以省略数组长度，系统会自动根据字符的个数确定数组长度。例如：

```
char c[]={'I',' ','a','m',' ','h','a','p','p','y'};
```

等价于

```
char c[10]={‘I’,‘ ’,‘a’,‘m’,‘ ’,‘h’,‘a’,‘p’,‘p’,‘y’};
```

3. 字符数组的引用

字符数组的引用与一般数组相同，格式如下：

```
数组名[下标表达式]
```

下标表达式的值应为整型，保证下标不越界。

5.3.2 字符串

因为在C语言中字符串只有常量形式，没有变量形式，所以可以用字符数组来灵活处理字符串。因此，也有人将字符数组看作字符串变量。C语言中许多字符串处理库函数既可以使用字符串，也可以使用字符数组。

字符串的约定如下：

(1)字符数组加结束标志，这样的一维字符型数组可看成字符串变量。例如：

```
char c[10]={'h','e','l','l','o','\0' };
```

(2)字符串常量，系统自动在末尾加 '\0'。

```
char c[10]={"happy"};  /*字符串末尾自动加 '\0' */
```

也可以是下面的形式：

```
char c[10]="happy";
```

(3)字符串常量的值是地址。

注意：以字符串常量形式对字符数组初始化，系统会自动在该字符串的最后加入字符串结束标志；以字符常量形式对字符数组初始化，系统不会自动在最后加入字符串结束标志。但若只有定义没有初始化，则不能用“=”给字符数组赋值，可以调用 gets 函数输入字符串或调用 strcpy 函数将字符串赋值给字符数组，一定要注意 '\0' 是字符串的结束标志。

5.3.3 字符串的输入/输出

字符串可以逐个字符输入/输出，也可以整体输入/输出。

测试题

1. 逐个字符输入/输出

逐个字符输入/输出采用"%c"格式符，引用时对单个元素进行操作。

【例 5-11】 字符串的输入/输出。

程序代码如下：

```
#include <stdio.h>
main()
{
  char str[10]="happy";
  int i=0;
  while(str[i]!='\0')          /* 判断a[i]是否是结束标识符 '\0' */
  {
    printf("%c",str[i]);       /* putchar(str[i]); */
    i++;
  }
  printf("\n");
}
```

程序运行结果如图 5-15 所示。

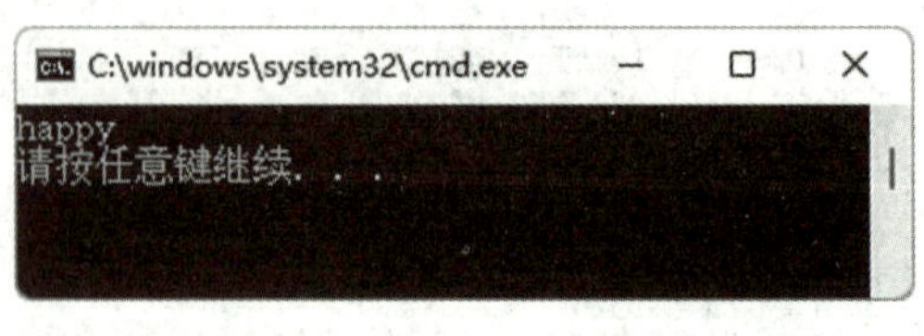

图 5-15 【例 5-11】运行结果

2. 整个字符串输入/输出

整个字符串输入/输出采用 %s 格式符。

(1)整个字符串输入。例如：

```
char str[10];
scanf("%s",str);
```

注意：在 scanf 函数中使用"%s"格式符时，第二个参数是字符数组名，即不用加 &；

输入字符串时，空格和回车符都作为数据的分隔符而不能被读入；进行输入时，系统会自动在最后加 '\0'，使之成为字符串。若输入字符串的长度超过字符数组所能容纳的字符个数，系统并不报错。

(2)整个字符串输出。例如：

```
char str[]="China";
printf("%s",str);
```

从地址 str 开始依次输出存储单元中的字符，直到遇到第一个 '\0' 为止。'\0' 是结束标志，不在输出字符之列。输出结束后不自动换行。

【例 5-12】 多个字符串的输入/输出。

程序代码如下：

```
#include <stdio.h>
main()
{
  char a[10],b[15];
  printf("Input string:\n");
  scanf("%s%s",a,b);
  printf("%s\n%s\n",a,b);
}
```

程序运行结果如图 5-16 所示。

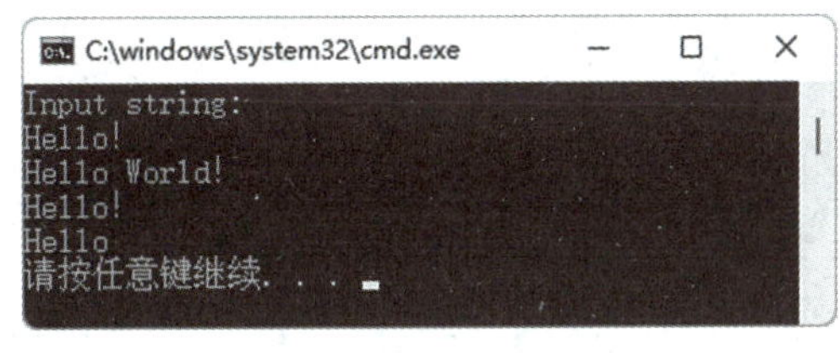

图 5-16 【例 5-12】运行结果

除了使用 scanf 函数和 printf 函数进行字符串的输入/输出外，系统还专门为字符串的输入/输出提供了两个函数，即 gets 函数和 puts 函数。

3. gets 函数

gets 函数用于从键盘输入字符(可包含空格)，直到遇到换行符为止。其语法格式如下：

```
gets(str);
```

其中，str 可以是字符数组名或字符指针变量。

字符串输入后，系统自动将 '\n' 转换成 '\0' 置于串尾。例如：

```
char str[20];
gets(str);
```

4. puts 函数

puts 函数用于将字符串的内容显示在屏幕上。其语法格式如下：

```
puts (str);
```

其中，str 可以是字符串常量、字符数组名或字符指针变量。

输出时遇到第一个 '/0' 结束，并自动换行。例如：

```
char str[20];
puts(str);
```

【例 5-13】 用 gets 函数输入字符串，用 puts 函数输出字符串。

程序代码如下：

```
#include <stdio.h>
main()
{
   char a[10],b[15];
   printf("Input string a and b:\n");
   gets(a);
   gets(b);
   puts(a);
   puts(b);
}
```

程序运行结果如图 5-17 所示。

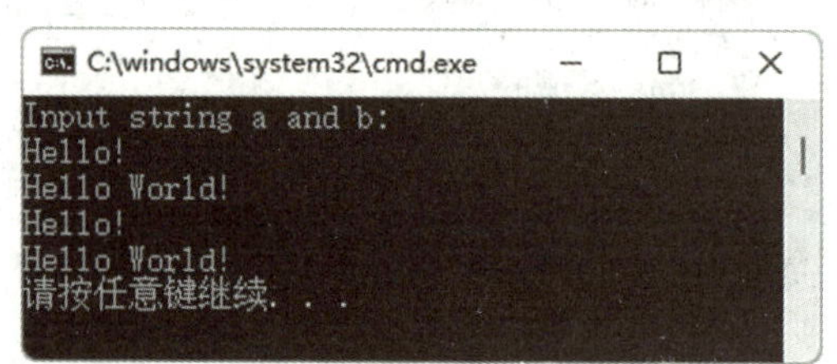

图 5-17 【例 5-13】运行结果

5.3.4 字符串处理函数

C 语言的函数库提供了一些用来处理字符串的函数，使用方便，它们在头文件“string. h”中。下面介绍几种常用的函数。

1. 字符串长度函数

字符串长度函数 strlen 用于求字符串的长度(字符个数,不包括 '\0';),函数返回整数值。其语法格式如下:

```
strlen(str);
```

其中,str 可以是字符串常量或字符数组名。

【例 5-14】 字符串长度函数应用。

程序代码如下:

```
#include <stdio.h>
#include <string.h>
main(){
    char str[81]="error:\0 Declaration syntax error";
    int n1,n2;
    n1=strlen(str);
    n2=strlen("ABCDE");
    printf("n1=%d,n2=%d\n",n1,n2);
}
```

程序运行结果如图 5-18 所示。

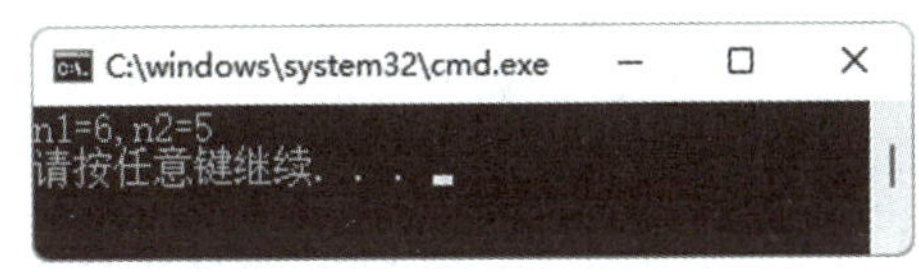

图 5-18 【例 5-14】运行结果

因为 str 字符数组中的第 7 个字符为字符串结束标志 '\0',所以 strlen(str)的值为 6。

2. 字符串复制函数

字符串复制函数 strcpy 用于将 str2 所指字符串的内容复制到 str1 所指的存储空间中,函数返回 str1 的地址值。其语法格式如下:

```
strcpy(str1,str2);
```

其中,str1、str2 可以是字符串常量或字符数组名。

注意:字符串 str1 必须足够大,即不应小于字符串 str2 的长度。

【例 5-15】 复制字符串。

程序代码如下:

```
#include <stdio.h>
```

```
#include <string.h>
main()
{
    char s1[50]="12345",s2[ ]="abcd";
    strcpy(s1,s2);
    puts(s1);
    strcpy(s1,"good morning");
    puts(s1);
    puts(strcpy(s1,"hello"));
}
```

程序运行结果如图 5-19 所示。

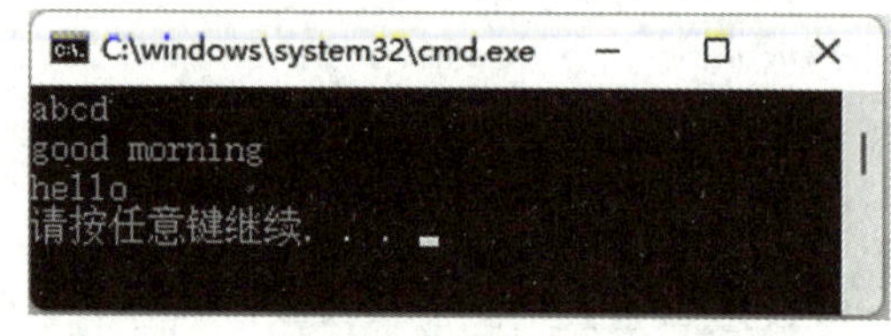

图 5-19 【例 5-15】运行结果

3. 字符串连接函数

字符串连接函数 strcat 用于将 str2 连接到 str1 的后面,自动覆盖 str1 末尾的'\0',函数返回 str1 的地址值。其语法格式如下:

```
strcat(str1,str2);
```

其中,str1、str2 可以是字符串常量或字符数组名。

注意:字符串 str1 必须足够大,以便容纳连接后的新字符串。

【例 5-16】 字符串连接函数的应用。

程序代码如下:

```
#include <stdio.h>
#include <string.h>
main()
{
    char s1[50]="error,",s2[ ]="retry";
    strcat(s1,s2);
    puts(s1);
    strcat(s1,"12345");
    puts(s1);
```

```
  puts(strcat(strcpy(s1,"abcd"),"6789"));
}
```

程序运行结果如图 5-20 所示。

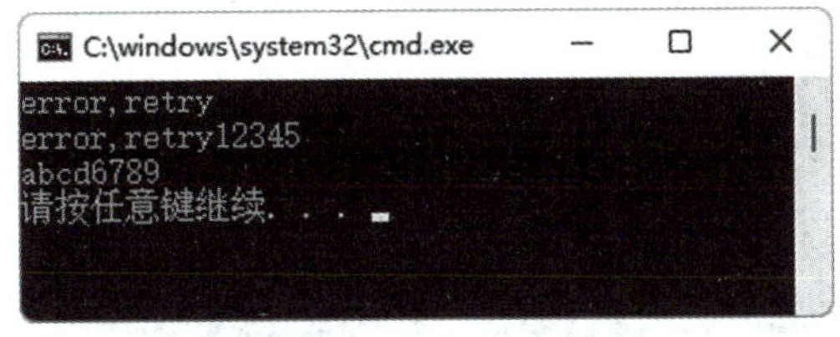

图 5-20 【例 5-16】运行结果

4. 字符串比较函数

测试题

字符串比较函数 strcmp 的语法格式如下：

```
strcmp(str1,str2);
```

其中，str1、str2 可以是字符串常量或字符数组名。

strcmp 函数用于比较两个字符串，将 str1 和 str2 从左至右逐个字符比较其 ASCII 码值，直到出现不同的字符或遇到 '\0' 为止。若 str1＞str2，则函数返回正整数；若 str1＝str2，则函数返回 0；若 str1＜str2，则函数返回负整数。

【例 5-17】 有一批学生的姓名，从这批名字中查找某个学生。

```
#include <stdio.h>
#include <string.h>
main()
{
  char name[5][8],s[8];
  int i,n=0,k;
  for(i=0;i<5;i++)
    gets(name[i]);
  printf("请输入您要查找的姓名:");
  gets(s);
  for(i=0;i<5;i++)
    if(strcmp(name[i],s)==0) break;
  if(i<5) printf("OK,找到了!");
```

```
    else printf("SORRY,查无此人");
}
```

程序运行结果如图 5-21 所示。

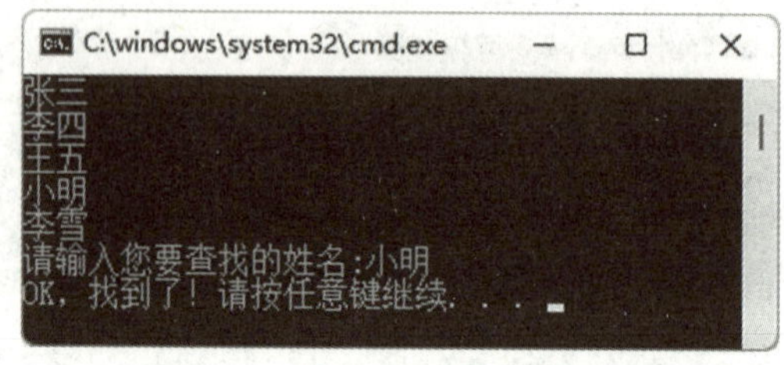

图 5-21 【例 5-17】运行结果

总结反思

1. 一维数组

(1)一维数组的定义。

```
类型说明符 数组名[常量表达式];
```

需要注意以下几点：

①常量表达式的值是正整数值,可以是一个普通常量、符号常量或常量表达式,但不能是变量,表示数组元素的个数,也称数组的长度。

②每一个元素类型相同,各自相当于同类型的普通变量,依次占用连续空间的一部分。

(2)一维数组元素的引用。一维数组元素的引用方法为下标法。例如,“int a[4];”表示数组 a 有 4 个元素,即 a[0]、a[1]、a[2]、a[3]。注意,第一个元素的下标是 0,最后一个元素的下标是 3。

通常借助数组下标的规律性变化,用一重循环处理一维数组的各个元素。

2. 二维数组

(1)二维数组的定义。

```
类型说明符 数组名[常量表达式][常量表达式];
```

例如：

```
int a[2][3];
```

可以把二维数组看作一种特殊的一维数组，它的元素又是一维数组。那么数组 a 可以看作 2 个长度为 3 的一维数组，这 2 个一维数组的名字分别为 a[0]、a[1]。其中，一维数组 a[0]的元素有 a[0][0]、a[0][1]、a[0][2]，一维数组 a[1]的元素有 a[1][0]、a[1][1]、a[1][2]。在 C 语言中，二维数组中元素的排列顺序是：先按行存放，再按列存放，即在内存中先顺序存放第一行的元素，再存放第二行的元素。

(2)二维数组的初始化与引用。

①分行或在一个大括号内给所有元素赋值。例如：

```
int x[2][3]={{1,2,3},{4,5,6}};
```

等价于

```
int x[2][3]={1,2,3,4,5,6};
```

另外，定义数组时对第一维的长度可以不指定，但第二维的长度不能省略。例如：

```
int x[][3]={{1,2,3},{4,5,6}};
```

②对数组部分元素赋值。例如：

```
int x[2][3]={{1},{4,5}};
```

结果为：x[0][0]值为 1，x[1][0]值为 4，x[1][1]值为 5，其余元素值均为 0。

引用二维数组时，一般使用二重循环依次访问数组元素。下标可以是一个表达式，但不能是变量，也不能越界。

3. 字符串与字符数组

C 语言中字符串只有常量形式，没有变量形式，所以可以用字符数组来灵活处理字符串。字符串可以存放在字符数组中，但字符数组中存放的未必是字符串。例如：

```
char str1[]={'a','b','\0'};
char str2[]={'B','y','e'};
char str3[]="do";
```

字符数组 str1、str2、str3 的大小均为 3，但 str1、str3 中存放的是字符串，str2 中存放的不是字符串。注意 str3 的定义，在定义的同时可以用“=”将字符串赋值给字符数组，而要想在定义之后再给字符数组赋值字符串，除了使用字符串输入函数外，还可以借助 strcpy 函数将字符串赋值给字符数组，千万不能用“=”赋值。

一定要注意 '\0' 是字符串的结束标志。

习题

一、选择题

1. 以下语句的输出结果是（　　）。

```
printf("%d\n",strlen("\t\"\065\xff\n"));
```

A. 5　　B. 14

C. 8　　D. 输出项不合法，无正常输出

2. 假设有

```
static char str[ ]="Beijing";
```

则执行

```
printf("%d\n",strlen(strcpy(str,"China")));
```

后的输出结果为（　　）。

A. 5　　B. 7　　C. 12　　D. 14

3. 以下程序中（　　）错误（每行程序前面的数字是行号）。

```
1  #include <stdio.h>
2  main()
3  {
4  float a[3]={0,0};
5  int i;
6  for(i=0;i<3;i++)scanf("%d",&a[i]);
7  for(i=1;i<3;i++)a[0]=a[0]+a[i];
8  printf("%f\n",a[0]);
9  }
```

A. 没有　　B. 第 4 行有　　C. 第 6 行有　　D. 第 8 行有

4. 以下程序的输出结果是(　　)。

```
main()
{
  int i,k,a[10],p[3]:
  k=5;
  for (i=0;i<10;i++)a[i]=i;
  for (i=0;i<3;i++)p[i]=a[i*(i+1)];
  for (i=0;i<3;i++)k+=p[i]*2;
  printf("%d\n",k);
}
```

A. 20　　B. 21　　C. 22　　D. 23

5. 下列4个字符串函数中,(　　)所在的头文件与其他3个不同。

A. gets　　B. strcpy　　C. strlen　　D. strcmp

6. 下列4个数组定义中,(　　)是错误的。

A. int a[7];　　B. #define N 5 long b[N];

C. char c[5];　　D. int n,d[n];

7. 下列数组定义合法的是(　　)。

A. int a[]={"string"};　　B. int a[]={0,1,2,3,4};

C. char str[6]="string";　　D. int a[2][]={{1,2},{3,4}};

二、编程题

1. 编写程序,从键盘输入10个实数,然后依次计算并输出前1个实数和、前2个实数和、……、前10个实数和。

2. 编写程序,判断一个字符串是否是回文。若是回文,则输出"YES",否则输出"NO"(回文是顺序和倒序都相同的字符串,如level)。

3. 编写程序,把任意一个十进制整数转换成二进制数,并输出(提示:把十进制数不断除以2,余数放在一个一维数组中,直到商数为零,然后逆序输出数组元素)。如果将任意整数转换成十六进制数,如何修改程序?

4. 编写程序,实现两个字符串连接的功能。

5. 输入10个城市的名字,按照字典序列进行排序。

模块6

函　数

C语言程序是由一组或是变量或是函数的外部对象组成的。可以把函数看作一个“黑盒子”，只要将数据送进去就能得到结果，而函数内部究竟是如何工作的，外部程序是不知道的。外部程序所知道的仅限于输入什么给函数及函数输出什么。函数提供了编制程序的手段，使之容易读、写、理解、排除错误、修改和维护。

6.1 函数的定义

任何函数(包括主函数 main)都是由函数头和函数体两部分组成的。根据函数是否需要参数，可以将函数分为无参函数和有参函数两种。

6.1.1 无参函数的一般形式

无参函数的一般形式如下：

```
类型标识符 函数名(){
  声明语句部分;
  执行语句部分;
}
```

用类型标识符指定函数值的类型，即函数返回值的类型。无参函数一般不需要返回函数值，因此可以不写类型标识符。

6.1.2 有参函数的一般形式

有参函数的一般形式如下：

```
类型标识符 函数名(数据类型 1 参数 1[,数据类型 2 参数 2……] \[,……\]){
  声明语句部分;
  执行语句部分;
}
```

有参函数比无参函数多了一个参数表。调用有参函数时,调用函数将赋予这些参数实际的值。

为了与调用函数提供的实际参数区别开,将函数定义中的参数表称为形式参数表,简称形参表。

【例 6-1】 定义一个函数,用于求两个数中的较大数。

```
#include <stdio.h>
int max(int x,int y) {                /* 定义一个函数 max */
  int z;
  z=x>y?x:y;
  return z;
}
main(){
  int max(int x,int y);               /* 函数声明 */
  int n1,n2;
  int n;
  printf("input two numbers:/n");
  scanf("%d,%d",&n1,&n2);
  n=max(n1,n2);
  printf("max=%d/n",n);
}
```

程序运行结果如图 6-1 所示。

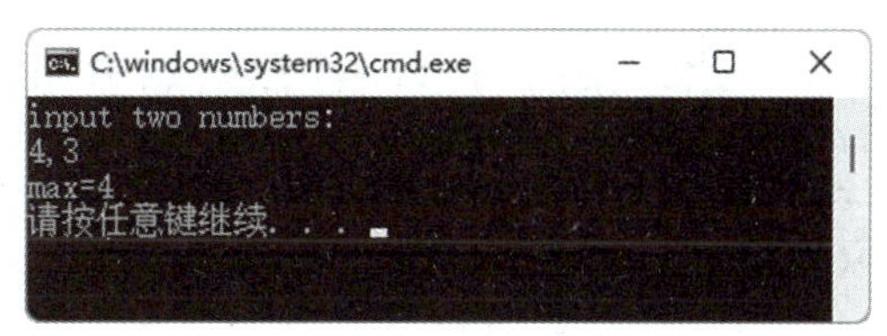

图 6-1 【例 6-1】运行结果

max 是一个求 x 和 y 两者中较大数的函数,第 1 行中第一个关键字 int 表示函数值是整型的。max 是函数名。括号中有两个形式参数 x 和 y,它们都是整型的。在调用此函数时,主调函数把实际参数 n1 和 n2 的值传递给被调用函数中的形式参数 x 和 y。

main 函数中的大括号内是函数体，它包括声明部分和执行部分。在声明部分定义所用的变量 n1 和 n2，此外还要对将调用的函数 max 进行声明。在函数体的语句中求出 x 和 y 的较大值并将其赋给 z，由 return 语句将此值（函数的返回值）带回到主调函数中。

6.1.3 说明与返回值

（1）函数名和形式参数的名称应符合标识符的构成规则。

（2）类型标识符用于说明函数返回值的数据类型。当函数返回值是数值时，函数的数据类型可以是任何基本类型（如整型、实型、字符型等）。当函数返回值是地址时，函数的数据类型可以是指针类型（指针类型将在后面介绍）。

如果在定义函数时不指定函数类型，系统将自动按整型处理。

（3）函数定义不允许嵌套。在 C 语言中，所有函数（包括主函数 main）在程序中都是平行的、相互独立的。一个函数的定义可以放在程序中的任意位置，即主函数 main()之前或之后。但在一个函数的函数体内不能再定义另一个函数，即不能嵌套定义。

（4）空函数是既无参数，函数体又为空的函数。其一般形式为

```
类型说明符 函数名(){ }
```

例如：

```
dummy(){ }
```

调用该函数时，系统什么工作也不做，没有任何实际作用。在主调函数中写上“dummy();”表明这里要调用一个函数，而现在这个函数没有起作用，等以后扩充函数功能时补上。在程序设计中往往根据需要确定若干模块，分别由一些函数来实现，而在第一阶段只设计最基本的模块，其他一些次要功能则在以后需要时陆续补上。在编写程序的开始阶段，可以在将来准备扩充功能的地方写上一个空函数（函数名取将来实际的函数名），表明这些函数未编好，先占一个位置，以后用一个编好的函数代替它。这样做，程序的结构清楚，可读性好，以后扩充新功能方便，对程序结构体影响不大。空函数在程序设计中常常是有用的。

(5)除了 void 类型外,所有函数都返回一个值,这个值由 return 语句明确给出。

(6)在老版本 C 语言中,参数类型说明允许放在函数说明部分的第 2 行单独指定。例如,上面定义的 max 函数可以写成以下形式:

```
int max(x, y);     /* 指定形参 x、y  */
int x, y;          /* 指定形参类型 */
{
z=x>y? x:y
return(z);
}
```

6.2 函数的调用

函数定义好了以后,就可以被主调函数调用了。主调函数可以是 main 函数,也可以是其他函数,甚至是它本身。通常 main 函数调用其他函数,但不能被其他函数调用。如果不考虑函数的功能和逻辑,其他函数没有从属关系,可以相互调用。调用自定义函数的方式与调用系统函数的方式相同。

6.2.1 函数调用的一般形式

函数调用的语法格式如下:

```
函数名(实参表列)
```

实参的个数多于一个时,各实参之间用逗号隔开。实参的个数必须与所调函数中的形参相同,类型一一对应匹配。

1. 函数调用出现在表达式中

当所调用的函数用于求某个值时,函数的调用一般作为表达式出现在允许表达式出现的任何地方。

【例 6-2】 调用函数求$\sqrt{n}$和 n!。

程序代码如下:

```
#include <stdio.h>
#include <math.h>
float myfac(int n)                    /*定义函数,形参为n*/
{
  int i;
  float fac=1;
  for(i=1;i<=n;i++)
  fac=fac*i;
  return fac;
}
main()
{
  int n;
  double x;
  float y;
  printf("input data:");
  scanf("%d",&n);
  x=sqrt(n);
  y=myfac(n);                         /*调用函数,实参为n*/
  printf("%d的平方根是%lf\n",n,x);
  printf("%d的阶乘是%.0f\n",n,y);
}
```

程序运行结果如图 6-2 所示。

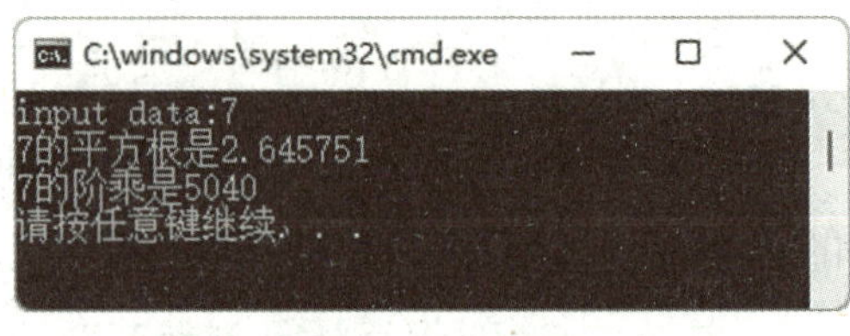

图 6-2 【例 6-2】运行结果

2. 函数调用作为独立语句

当某些函数仅进行某些操作而不返回函数值时,函数调用一般作为一条独立的语句。

【例 6-3】 无返回值函数的应用。

程序代码如下:

```
#include <stdio.h>
void myprint()
```

```
{
  int i;
  for(i=1;i<=10;i++)
    printf(" * ");
  printf("\n");
}
main()
{
  int i;
  for(i=1;i<=5;i++)
    myprint();
}
```

程序运行结果如图 6-3 所示。

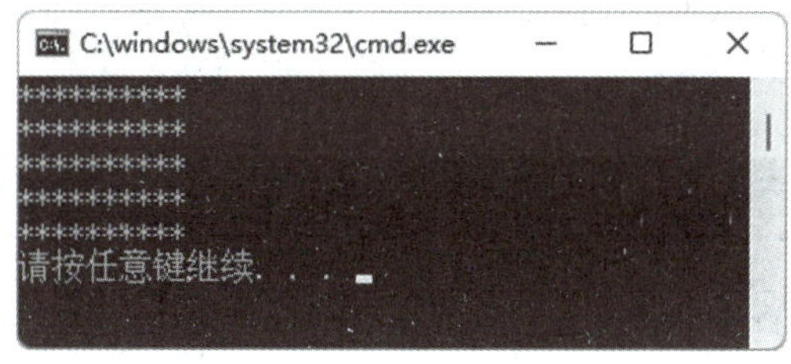

图 6-3 【例 6-3】运行结果

6.2.2 函数调用时的语法要求

函数调用时有以下语法要求：

(1)调用函数时，函数名必须与所调用函数的名称完全一致。

(2)实参的个数必须与形参的个数一致。实参可以是表达式，在类型上应按位置与形参一一对应匹配。如果类型不匹配，C 编译程序按赋值兼容的规则进行转换。

(3)函数必须遵循先定义，后调用的原则，但函数类型为 int 或 char 的函数除外。

【例 6-4】 调用函数，输出两个数中的较大者。

程序代码如下：

```
#include <stdio.h>
float max(float a,float b)
{
  return a>b? a:b;
}
main()
{
  float x,y;
  printf("input data:" );
  scanf("%f%f",&x,&y);
  printf("max=%f\n",max(x,y));
}
```

程序运行结果如图 6-4 所示。

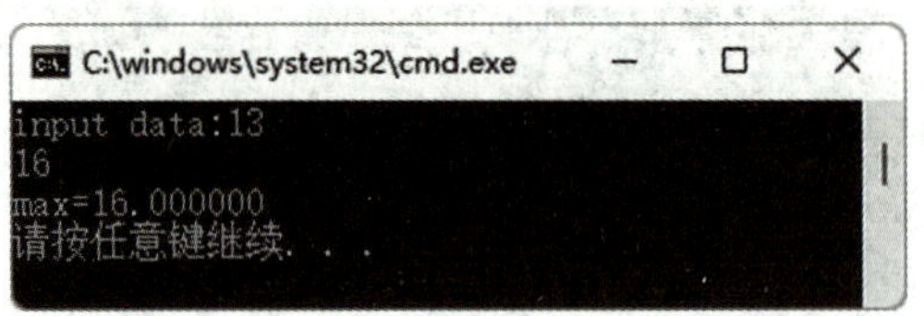

图 6-4 【例 6-4】运行结果

6.2.3 函数的声明

在 C 语言中，除了主函数外，对于用户定义函数遵循先定义，后使用的规则。凡是未在调用前定义的函数，C 编译程序都默认函数的类型为 int。对于返回值为其他类型的函数，若把函数的定义放在调用之后，则应该在调用之前对函数进行声明。

函数声明的一般格式如下：

```
函数类型 函数名(参数类型 1 参数名 1,参数类型 2 参数名 2,……);
```

例如：

```
double max(double a,double b);
```

也可以采用下面的形式：

```
函数类型 函数名(参数类型1,参数类型2,……);
```

例如:

```
double max(double,double);
```

C语言的库函数就是位于其他模块的函数,为了正确调用,C编译系统提供了相应的头文件。头文件内许多都是库函数的函数声明,当源程序要使用库函数时,就应当包含相应的头文件。

【例6-5】 在【例6-4】中使用函数声明。

程序代码如下:

```
#include <stdio.h>
float max(float,float);                /* 或 float max(float a,float b); */
main()
{
  float x,y;
  printf("Input data:" );
  scanf(" %f %f",&x,&y);
  printf("max= %f\n",max(x,y));       /* 先调用,实参为 x、y */
}
float max(float a,float b)             /* 后定义,形参为 a、b */
{
  return a>b?a:b;
}
```

6.2.4 调用函数与被调用函数之间的数据传递

在C语言中,调用函数和被调用函数之间的数据传递可以通过以下3种方式进行:

(1)在实参和形参之间进行数据传递。

(2)通过return语句把函数值返回调用函数。

(3)通过全局变量,但这不是一种好的方式,通常不提倡使用。

后两种传递方式比较好理解,下面重点介绍调用函数与被调函数之间通过实参将数据传递给形参实现数据传递。

参数具体的传递方式有以下两种：

(1)值传递方式(传值)：是将实参单向传递给形参的一种方式。

(2)地址传递方式(传址)：是将实参地址单向传递给形参的一种方式。

需要说明如下几点：

(1)单向传递：不管是传值，还是传址，C 语言都是单向传递数据的，且一定是实参传递给形参。

(2)传值、传址只是传递的数据类型不同。传址实际是传值方式的一个特例，本质还是传值，只是传递的是一个地址数据值。

(3)系统分配给实参、形参的内存单元是不同的。对于传值，即使函数中修改了形参的值，也不会影响实参的值。对于传址，即使函数中修改了形参的值，也不会影响实参的值，但因为传递的是地址，所以就可能通过实参所指向的空间间接返回数值。

(4)在两种参数传递方式中，实参可以是变量、常量、表达式；形参一般是变量，要求两者个数一致、类型匹配、赋值兼容。

(5)形参在函数未调用时，并不占用内存中的存储单元，只有在函数调用时，函数中的形参才被分配内存单元。在调用结束后，形参所占的内存单元被释放。

【例 6-6】 阅读下面的程序，分析其运行结果。

程序代码如下：

```
#include <stdio.h>
void swap1(int a,int b)
{
  int t;
  printf("(2):a=%d,b=%d\n",a,b);
  t=a;a=b;b=t;
  printf("(3):a=%d,b=%d\n",a,b);
}
main()
{
  int x=10,y=20;
  printf("(1):x=%d,y=%d\n",x,y);
```

```
    swap1(x,y);
    printf("(4):x=%d,y=%d\n",x,y);
}
```

程序运行结果如图 6-5 所示。

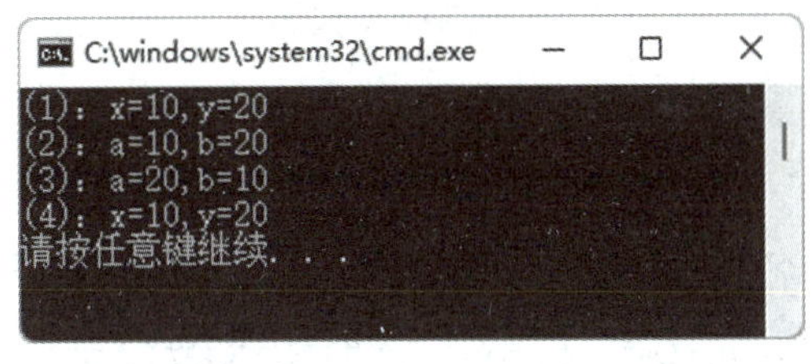

图 6-5 【例 6-6】运行结果

由运行结果可以看到，x 和 y 的值已传送给函数 swap1 中的对应形参 a 和 b，在函数 swap1 中，a 和 b 进行了交换，但形参的变化并不影响对应的实参。所以在本程序中，不能通过调用 swap1 函数实现 x 和 y 的数据交换。关于调用 swap1 函数来实现两个数据的交换将在指针相关内容中介绍。

6.2.5 数组作为参数

1. 一维数组名作为参数

数组名也可以作为实参，但是因为数组名本身是一个地址值，所以用数组名作为参数时，实参与形参都应用数组名。

【例 6-7】 阅读下面的程序，分析一维数组名作为实参时数据的传递过程。

程序代码如下：

```
#include <stdio.h>
/*"void myout(int p[5],int n);"或"void myout(int p[]);"均可以*/
void myout(int p[],int n);
main()
{
    int a[5]={1,2,3,4,5};
    int b[10]={2,4,6,8,10,12,14,16,18,20};
    myout(a,5);
    myout(b,10);
}
void myout(int p[],int n)
{
    int i;
```

```
for(i=0;i<n;i++)
printf("%4d",p[i]);
printf("\n");
}
```

程序运行结果如图 6-6 所示。

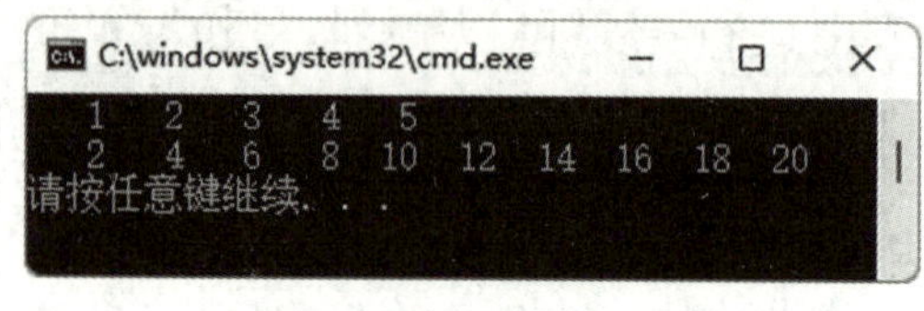

图 6-6 【例 6-7】运行结果

由于数组名就是数组的首地址，在数组名作为函数参数时所进行的传送只是地址的传送，也就是说把实参数组的首地址赋予形参。形参取得该首地址之后，也就等于有了实在的数组。实际上是形参数组与实参数组为同一数组，共同拥有一段内存空间。

2. 多维数组名作为参数

用多维数组名作为实参和形参，在被调用函数中对形参数组定义时可以指定每一维的大小，也可以省略第一维的大小说明，但不能省略第二维及其他高维的大小说明。

【例 6-8】 二维数组名作为参数，输出二维数组。

程序代码如下：

```
#include <stdio.h>
#define M 3
#define N 2
void out(int a[M][N]) /*还可以写成 void out(int a[ ][N]) */
{
int i,j;
for(i=0;i<M;i++)
{
for(j=0;j<N;j++)
printf("%4d",a[i][j]);
printf("\n");
}
}
main()
```

```
{
int a[M][N]={1,2,3,4,5,6};
out(a);
}
```

程序运行结果如图 6-7 所示。

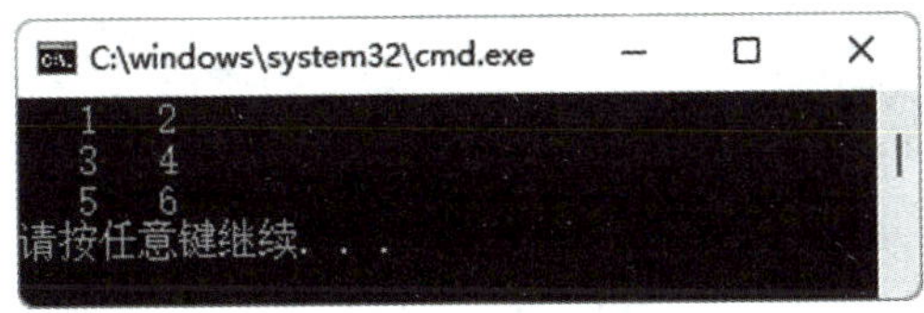

图 6-7 【例 6-8】运行结果

6.3 函数的嵌套调用和递归调用

函数允许嵌套调用和递归调用。递归调用是嵌套调用的特例。

6.3.1 函数的嵌套调用

函数的嵌套调用是指函数调用中又存在调用。例如，函数 1 调用函数 2，函数 2 又调用函数 3。函数之间没有从属关系，一个函数可以被其他函数调用，同时该函数也可以调用其他函数。

【例 6-9】 编写两个函数，分别求两个整数的最大公约数和最小公倍数。在主函数中调用并输出结果。

程序代码如下：

```
#include <stdio.h>
int gcd(int a,int b)
{
  int r,temp;
  if(a<b)
  {
    temp=a;
```

```
        a=b;
        b=temp;
      }
      while(b!=0)   /*利用辗转相除法,直到b为0为止*/
      {
        temp=a%b;
        a=b;
        b=temp;
      }
      return a;
    }
    int lcm(int a,int b)
    {
      int r;
      r=gcd(a,b);
      return(a*b/r);
    }
    main()
    {
      int x,y;
      scanf("%d%d",&x,&y);
      printf("%d\n",gcd(x,y));
      printf("%d\n",lcm(x,y));
    }
```

程序运行结果如图 6-8 所示。

程序中,用辗转相除法求最大公约数。主函数首先调用 gcd 函数求最大公约数,然后调用 lcm 函数求最小公倍数,而 lcm 函数又调用 gcd 函数,这就是函数嵌套调用的过程。

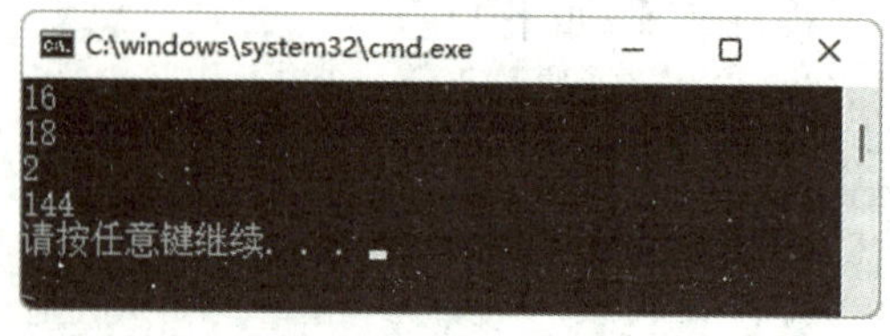

图 6-8 【例 6-9】运行结果

6.3.2 函数的递归调用

函数的递归调用是指函数直接调用或间接调用自己，或调用一个函数的过程中出现直接或间接调用该函数自身。前者称为直接递归调用，后者称为间接递归调用。

用递归调用解决问题的必要条件如下：

(1)问题是递归的，解决方法是递归的，处理对象有规律地递增或递减。

(2)问题可以递归解决。

(3)递归有明确的结束条件。

递归函数的特点如下：先被调用的后被执行完毕，后被调用的先被执行完毕，每次调用时给函数体内各变量重新分配空间，调用完毕返回到前一次调用的调用点，继续前一次调用函数的执行。

【例 6-10】 用递归函数求 n!。

$$n! = \begin{cases} 1 & n=0 \\ n \cdot (n-1)! & n>0 \end{cases}$$

例如，输入 4(n=4)，调用过程如图 6-9 所示。

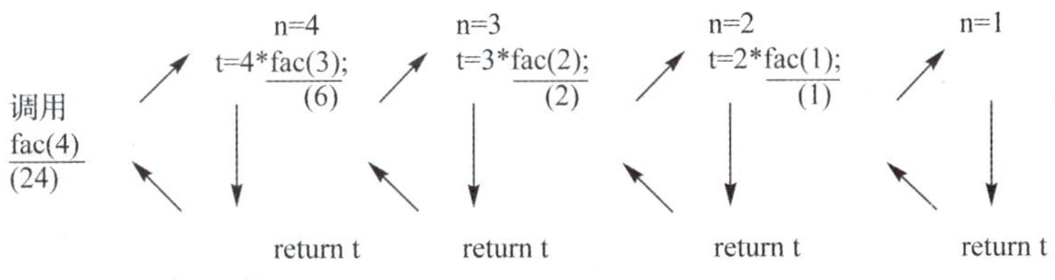

图 6-9 n=4 时的函数调用过程

程序代码如下：

```
#include <stdio.h>
float fac(int);                    /*函数说明*/
main()
{
  int m;
  float y;
  printf("Input data:");
  scanf("%d",&m);
```

```
    y=fac(m);                          /* 函数调用 */
    printf("%d!=%.0f\n",m,y);
}
float fac(int n)                       /* 函数定义 */
{
    if(n==1)
      return 1;
    else
      return n*fac(n-1);               /* 函数递归调用 */
}
```

程序运行结果如图 6-10 所示。

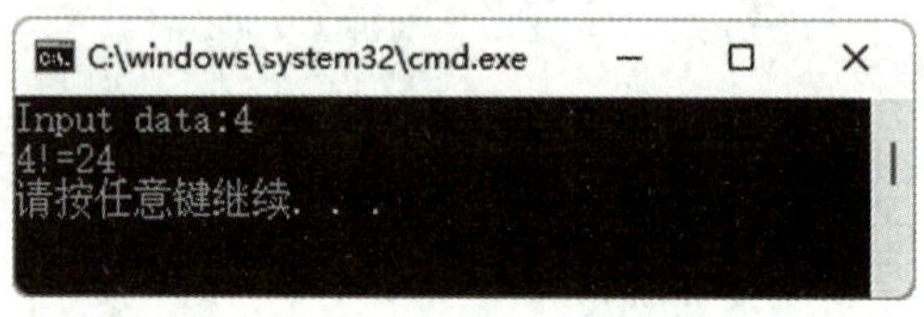

图 6-10 【例 6-10】运行结果

6.4 局部变量和全局变量

从变量的作用域角度来分，变量可以分为局部变量和全局变量。

视频
局部变量

6.4.1 局部变量

局部变量是在一定范围内有效的变量，也称为内部变量。

在C语言中，在以下位置定义的变量属于局部变量：

(1)在函数体内定义的变量，在本函数范围内有效，作用域仅限于函数体内。

(2)有参函数的形式参数也是局部变量。只在其所在的函数范围内有效。

(3)在复合语句内定义的变量，在本复合语句范围内有效，作用域仅限于复合语句内。

关于局部变量有以下几点说明：

(1)在主函数 main 中定义的变量也只是在主函数中有效，并不因为在主函数中定义而在整个文件或程序中有效。主函数也不能使用其他函数中定义的变量。

(2)在不同的函数中和不同的复合语句中可以定义(使用)同名变量。因为它们的作用域不同,程序运行时在内存中占据不同的存储单元,各自代表不同的对象,所以它们互不干预。

(3)局部变量所在的函数被调用或执行时,系统临时给相应的局部变量分配存储单元,一旦函数执行结束,系统立即释放这些存储单元。各个函数中的局部变量起作用的时刻是不同的。

6.4.2 全局变量

视频

全局变量

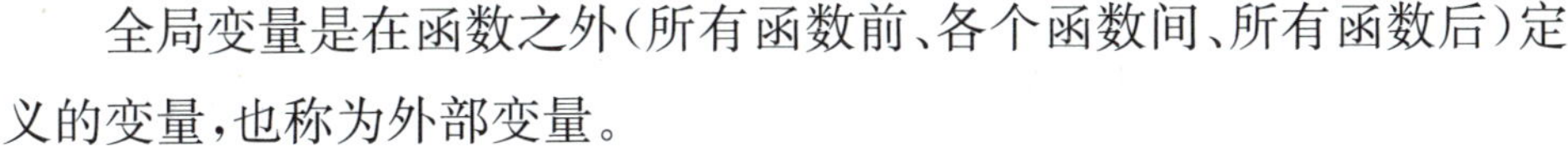

全局变量是在函数之外(所有函数前、各个函数间、所有函数后)定义的变量,也称为外部变量。

全局变量的作用域是从定义全局变量的位置起到本源程序结束为止。

注意:全局变量可以与局部变量同名。若一个全局变量与某个函数中的局部变量同名,则全局变量将在该函数中被屏蔽,即在该函数内局部变量有效,全局变量不起作用。

【例 6-11】 全局变量与局部变量同名。

程序代码如下:

```
#include <stdio.h>
int a=3,b=5;
int max(int a,int b)
{
  int c;
  c=a>b?a:b;
  return c;
}
main()
{
  int a=8;
  printf("%d\n",max(a,b));
}
```

程序运行结果如图 6-11 所示。

本程序中有两个全局变量 a 和 b。在 main 函数中又定义了自动变量 a=8,在主函数中全局变量 a 被屏蔽,所以传递给 max 函数的参数 a 的值是 8,传递给参数 b 的值为全局变量 b 的值 5,输出的结果为 8。

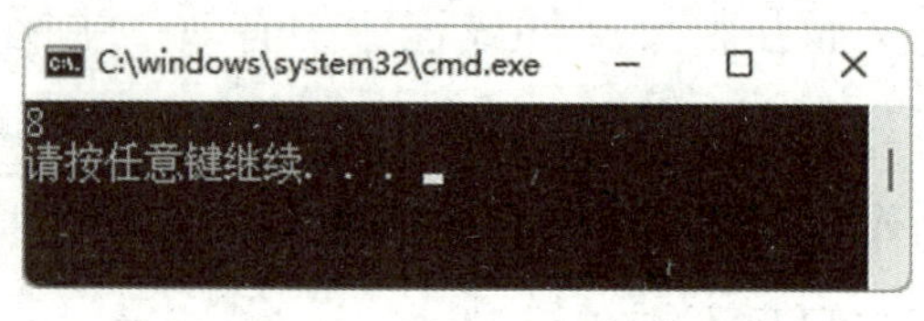

图 6-11 【例 6-11】运行结果

6.5 变量的存储类别

变量的存储类别指的是数据在内存中的存储方法。从变量值存在的时间(生存期)角度,可以分为静态存储方式和动态存储方式。所谓静态存储方式是指在程序运行期间分配固定的存储空间的方式,而动态存储方式则是在程序运行期间根据需要进行动态的分配存储空间的方式。变量的存储类别具体包括 4 种:auto 型(自动型)、register 型(寄存器型)、static 型(静态型)和 extern 型(外部型或全局型)。根据变量的存储类别,可以知道变量的作用域和生存期。

6.5.1 auto 变量

auto 变量定义的一般格式如下:

```
[auto] 数据类型变量名[=初值],……;
```

例如:

```
auto float a;
```

(1)auto 变量作用域。从定义位置起到函数体(或复合语句)结束为止。

(2)auto 变量生存期。由于自动变量属于自动类别,存储单元被分配在内存的动态区,进入函数体(或复合语句)时生成,退出函数体(或复合语句)时消失。

未赋初值的自动变量,其值不确定。每次进入函数体或复合语句,就赋一次指定的初值。

auto 变量的优点是各函数互不干扰,标识符同名也互不影响。

【例 6-12】 auto 变量的使用。

程序代码如下：

```
#include <stdio.h>
int f(int a)
{
  auto int c=3,b=0;
  b=b+1;
  c=c+1;
  return a+b+c;
}
main()
{
  int a=2,i;
  for(i=0;i<3;i++)
    printf("%d\n",f(a));
}
```

程序运行结果如图 6-12 所示。

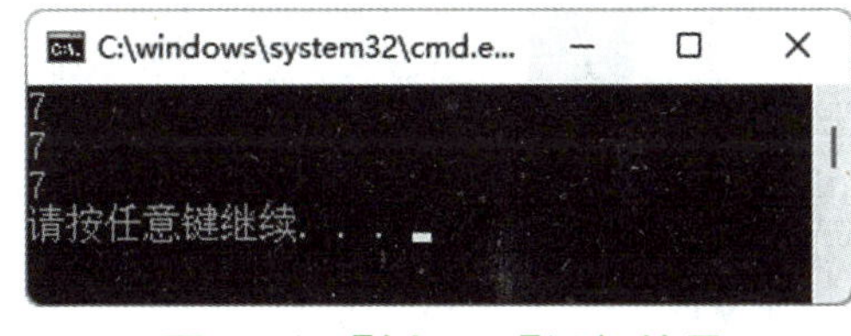

图 6-12 【例 6-12】运行结果

在主函数中 3 次调用 f 函数，每次调用时都为局部变量 a、b 和 c 分配内存单元，且 a 的值为实参传过来的 2，b 和 c 的值为 0 和 3。调用结束时，局部变量 a、b 和 c 占用的内存空间被释放，下一次调用时再重新分配。

6.5.2 register 变量

只有局部自动变量和形式参数可以作为 register 变量，其他（如全局变量）不可以。在调用一个函数时占用一些寄存器以存放寄存器变量的值，函数调用结束释放寄存器。例如：

```
register int x;
```

（1）register 变量的作用域从定义位置起，到函数体（或复合语句）结束为止。

（2）register 变量的生存期是在进入函数体（或复合语句）时生成，在退出函数体

(或复合语句)时消失。

register 变量的优点如下:程序运行时,访问存于寄存器的值要比访问内存中的值快得多。因此当程序对速度有较高要求时,把那些频繁引用的少数变量指定为 register 变量,有助于提高程序的运行速度。

6.5.3 static 变量

有时希望函数中局部变量的值在函数调用结束后保留原值,以便下次调用时使用上一次调用后的结果,这时就应该指定该局部变量为 static 型变量。

static 型变量属于静态类别,存储单元被分配在内存的静态存储区。

(1)static 变量的作用域。从定义位置起,到函数体(或复合语句)结束为止。

(2)static 变量的生存期。程序运行期间永久性保存。

编译时为 static 型变量赋初值(只一次),未赋初值默认为 0,运行期间不再赋初值(保留上次运行时得到的值)。

static 型变量的优点是:函数调用之间保留局部变量值。

【例 6-13】 static 变量的使用。

程序代码如下:

```
#include <stdio.h>
f()
{
  int a=2;
  static int b,c=3;
  b=b+1;
  c=c+1;
  return a+b+c;
}
main()
{
  int i;
  for(i=0;i<3;i++)
    printf("%d\n",f());
}
```

程序运行结果如图 6-13 所示。

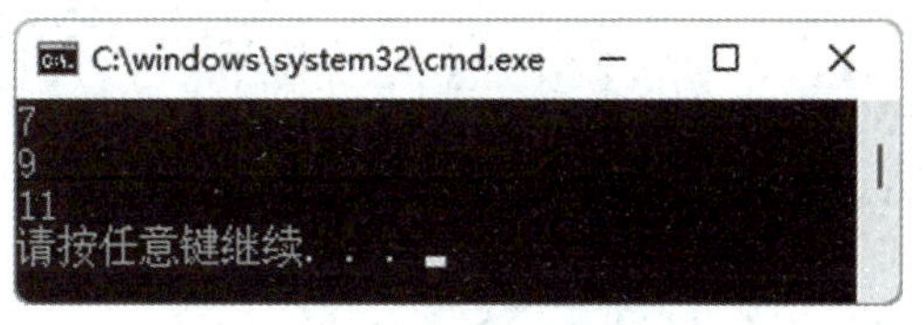

图 6-13 【例 6-13】运行结果

f 函数中变量 b 和 c 都是静态内存变量，在编译时系统为它们开辟存储空间，并赋初值 0 和 3。它们在整个程序运行期间都占用相同的内存空间，整个程序运行完毕后空间才释放。由于每次调用 f 函数后不释放静态变量，变量 a 和 b 中的值是前一次调用后的结果。

6.5.4 extern 变量

全局变量只有静态一种类别。对于全局变量可以使用 extern 和 static 两种说明符。定义格式如下：

```
[extern][static] 数据类型 变量名表;
```

没有特别指明存储类别的全局变量默认为 extern 型。

1. 全局变量的作用域

在函数外部定义的变量为全局变量。全局变量的作用域是从定义变量的位置开始到本程序文件的结束。

使用全局变量可以增加各个函数之间的数据传输渠道。由于函数的调用只能带回一个返回值，有时利用全局变量增加与函数联系的渠道，从函数得到一个以上的返回值。

【例 6-14】 编写函数，从存放 10 个学生成绩的数组中求平均分、最高分和最低分。

程序代码如下：

```
#include <stdio.h>
float Max=0,Min=0;
float average(float score[],int n)
{
  int i;
  float aver,sum=score[0];
  Max=Min=score[0];
  for(i=1;i<n;i++)
```

```
    {
      if(score[i]>Max)
        Max=score[i];
      if(score[i]<Min)
        Min=score[i];
      sum+=score[i];
    }
    aver=sum/n;
    return aver;
  }
main()
  {
    float ave,score[10];
    int i;
    for(i=0;i<10;i++)
      scanf("%f",&score[i]);
    ave=average(score,10);
    printf("max=%.1f,min=%.1f,average=%.1f\n",Max,Min,ave);
  }
```

程序运行结果如图 6-14 所示。

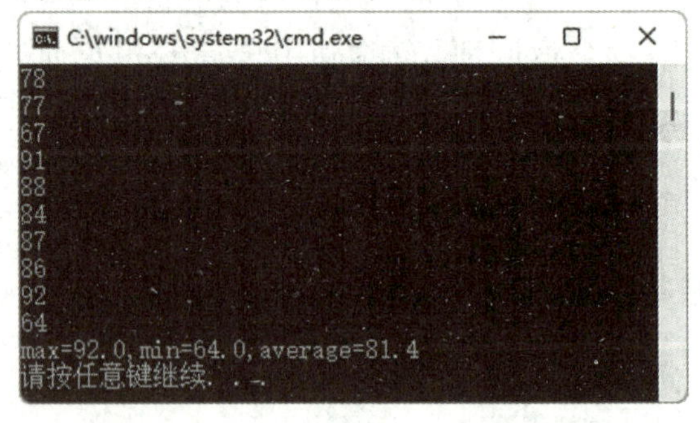

图 6-14 【例 6-14】运行结果

虽然使用全局变量有很多好处，但是，还是建议除非特别需要，不要使用全局变量。程序设计要求做到模块功能单一，一般要把函数设计成单一功能的封闭体，仅通过实参向形参传递参数的措施，使函数与外界发生联系，故要慎用、少用全局变量，以保障程序的模块化和通用性，增强程序的可读性和可维护性。

2. 全局变量的生存期

全局变量的生存期是在程序运行期间，在这一期间全局变量将永久保存。

编译时全局变量未赋初值，初值默认为 0。

全局变量的优点如下：由于全局变量在整个程序运行期间都占用内存空间，它始终保留要使用的数据(除在某个函数中定义了同名局部变量,在这个函数中同名局部变量有效)。

【例 6-15】 全局变量的使用。

程序代码如下:

```
#include <stdio.h>
int sum;
void fun();
main()
{
int sum=10;
printf("(1) %4d \n",sum);
fun();
printf("(2) %4d \n",sum);
}
void fun()
{
sum=20;
printf("fun %4d \n",sum);
}
```

程序运行结果如图 6-15 所示。

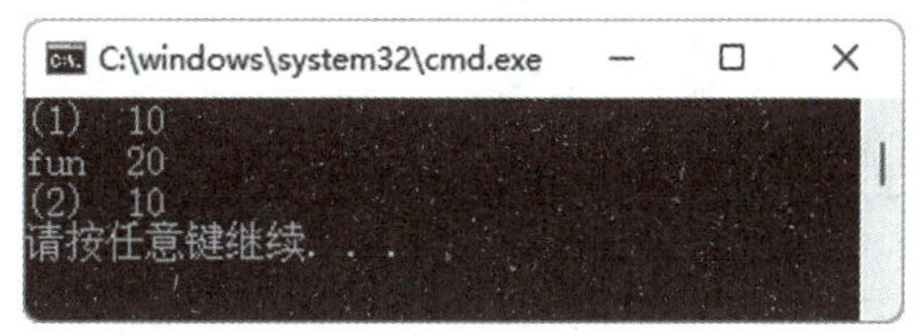

图 6-15 【例 6-15】运行结果

在引用全局变量时如果使用 extern 声明全局变量,可以扩大全局变量的作用域。例如,扩大到整个源文件(模块),对于多源文件(模块)可以扩大到其他源文件(模块)。在定义全局变量时如果使用修饰关键词 static,则表示此全局变量作用域仅限于本源文件(模块)。

6.6 编译预处理

C 源程序除了包含程序命令(语句)外,还可以使用各种编译预处理指令。编译预处理指令是给编译器的工作指令，这些编译预处理指令通知编译器在编译工作开始之前对源程序进行某些处理。编译预处理指令就是以“＃”开头的预处理命令，如包含命令“＃include”、宏定义命令“＃define”等。在源程序中这些命令都放在函数之外，而且一般都放在源文件的前面。预处理是C语言的一个重要功能，它由预处理程序负责完成。

C语言提供了多种预处理功能，如宏定义、文件包含、条件编译等。合理地使用预处理，可以使程序便于阅读、修改、移植和调试，也有利于模块化程序设计。

总结反思

C语言不仅提供了极为丰富的库函数，还允许用户定义自己的函数。C程序从main函数开始执行，当main函数执行完毕时，整个程序就结束了。

1. 库函数

根据计算机二级考试大纲，必须掌握或熟悉一些常用的库函数(请注意常用库函数的返回值)。

2. 函数的定义和说明

在C语言中，函数的定义是独立且平等的，在同一程序中，函数名必须唯一。无论是主函数还是子函数，其内都不能再定义另一个函数，也就是不能嵌套定义；各函数定义的书写不分前后，只是当被调函数书写在主调函数之后时，必须进行函数说明。

1)函数的定义

```
类型说明符 函数名(形式参数表列)
{
说明定义部分
可执行语句部分
}
```

2)函数的声明

```
类型说明符 函数名(类型1 参数1,类型2 参数2……);
```

或

```
类型说明符 函数名(类型1,类型2……);
```

C 语言还规定在被调函数书写在主调函数之前时或被调函数的返回值是整型或字符型时，可以省去对被调函数的说明。

3. 函数的返回值

函数的返回值就是 return 语句中表达式的值。当程序执行到 return 语句时，程序的流程就返回到调用该函数的地方，并带回函数值。函数中可以有多个 return 语句，但一旦其中某一个被执行，则立即结束本函数的执行，返回主调函数，所以函数最多只能返回一个值。函数返回值的类型与函数定义时函数的类型应一致，如果两者不一致，则以函数类型为准，对 return 语句中的表达式自动进行类型转换。

4. 函数的调用

在 C 语言中，函数的定义都是相互平行、独立的，即不允许嵌套定义函数，但允许嵌套调用函数。主函数可以调用任意子函数，子函数间可以互相调用，子函数还可以调用自身，但是主函数不可以被任何函数调用。

5. 形式参数、实际参数和参数值的传递

C 语言规定，实参变量对形参变量的数据传递是值传递，即单向传递，只能由实参传给形参，而不能由形参传回给实参。实参可以是常量、变量、表达式等，形参只能是变量。实参与形参在类型、个数、顺序上一一对应。形参变量只有在被调用时才分配内存单元，调用完毕即释放所分配的内存单元，其作用域与局部变量相同，只在被调函数体内有效。

1）将实参的值传递给形参（传值）

由于传递是单向的，形参的值若发生改变，实参的值不受影响。此时的实参通常是常量、已有值的普通变量、数组元素等。

2）将实参的地址传递给形参（传址）

当实参为数组的地址，形参也为同类型的数组时，系统自动将形参改为相应指针，在被调函数中就借助形参指针对实参数组按指针法直接访问其元素，从而对被调函数中对应的数组元素进行操作而改变其中的值。

6. 局部变量和全局变量

1）局部变量

在函数内部或复合语句内部定义的变量称为局部变量，也称为内部变量。函数的形参也属于局部变量。C 语言允许在不同的函数中使用相同的变量名，它们代表不同的对象，分配不同的内存单元，互不干扰。在复合语句中定义的局部变量，其作用域只在复合语句范围内。

2)全局变量

在函数外部定义的变量称为全局变量,也称为外部变量。其作用域从定义位置开始直至整个程序末尾。若想在定义位置之前使用该全局变量,可以用 extern 对其进行说明。如果在同一个源程序文件中有全局变量与局部变量同名,则在该局部变量的作用范围内,同名的全局变量被屏蔽,即全局变量失效。

3)变量的存储属性

局部变量可以是自动类别(auto 或 register),也可以是静态类别(static)。当局部变量未指明类别时,被声明成自动变量,其值存放在内存的动态存储区,因此退出其作用域后,变量被自动释放,其值不予保留。当变量被声明成 static 类型时,在程序运行期间,它占据一个永久的存储单元。静态型变量如果进行了初始化(定义的同时赋初值),只有第一次执行定义语句时随着分配内存并赋初值,当退出所定义的函数或复合语句时,将保留其当时值。当再次进入所定义的函数或复合语句时,将不重新定义,也不进行初始化,此时,该变量值是上次离开时的值。静态型变量如果不进行初始化,系统自动为其赋 0。

全局变量属于静态存储类别,可以用 extern 和 static 进行说明。当一个文件要引用另一个文件中的全局变量或在全局变量定义之前要引用它时,可以用 extern 说明,相当于扩大全局变量的作用域。用 static 说明的全局变量仅能由本文件引用,相当于限制了全局变量作用域的扩展。

习题

一、选择题

1. 设有以下函数:

```
ggg(float x)
{
printf("\n%d",x*x);
}
```

则函数的类型(　　)。

A. 与参数 x 的类型相同　　B. 是 void

C. 是 int　　D. 无法确定

2. C语言规定，程序中各函数之间(　　)。

A. 既允许直接递归调用也允许间接递归调用

B. 不允许直接递归调用也不允许间接递归调用

C. 允许直接递归调用不允许间接递归调用

D. 不允许直接递归调用允许间接递归调用

3. 以下程序的输出结果是(　　)。

```
#include <stdio.h>
#define MIN(x,y) (x)<(y)?(x):(y)
main()
{
  int i,j,k;
  i=10;
  j=15;
  k=10*MIN(i,j);
  printf("%d\n",k);
}
```

A. 15　　B. 100　　C. 10　　D. 150

4. 以下程序的输出结果是(　　)。

```
#include <stdio.h>
int func(int a,int b)
{
  static int m=0,i=2;
  i+=m+1;
  m=i+a+b;
  return(m);
}
main()
{
  int k=4,m=1,p;
  p=func(k,m);
  printf("%d,",p);
```

```
    p=func(k,m);
    printf("%d\n",p);
}
```

A. 8,17　　B. 8,16　　C. 8,20　　D. 8,8

5. 下面程序的输出结果是(　　)。

```
int m=13;
int fun2(int x,int y)
{
    int m=3;
    return(x*y-m);
}
main()
{
    int a=7,b=5;
    printf("%d\n",fun2(a,b)/m);
}
```

A. 1　　B. 2　　C. 7　　D. 10

6. 在宏定义"#define PI 3.14159"中,用宏名 PI 代替一个(　　)。

A. 单精度数　　B. 双精度数　　C. 常量　　D. 字符串

7. 以下叙述中正确的是(　　)。

A. 源程序中所有的行都参加编译

B. 宏定义常量与 const 定义常量是一样的

C. 宏定义可以嵌套定义,即在宏定义中的字符串可以引用另一个宏定义的标识符

D. 以上都不正确

二、编程题

1. 编写一个判定偶数的函数,在主函数中输入一个整数,输出其是否为偶数的信息。

2. 编写函数 fun,把数组中所有奇数放在另一个数组中。在主函数中调用 fun,输出数组中的所有奇数。

3. 编写函数,计算 s=6!+10!+22!。

4. 编写函数,将任意字符串反序对调。例如,字符串"love",对调后的结果为"evol"。

5. 编写递归函数,计算 n 个整数(一维数组管理)的累计和。

模块 7

指　针

指针是C语言中广泛使用的一种数据类型。运用指针编程是C语言最主要的风格之一。利用指针变量可以表示各种数据结构，能很方便地使用数组和字符串，并能像汇编语言一样处理内存地址，从而编写出精练而高效的程序。指针极大地丰富了C语言的功能。学习指针是学习C语言中最重要的一环，能否正确理解和使用指针是能否掌握C语言的一个标志。

7.1 指针变量的定义与引用

在C语言中，允许用一个变量来存放指针，这种变量称为指针变量。一个指针变量的值就是某个内存单元的地址或称为某内存单元的指针。由于指针变量存放的可能是不同类型变量的地址，所以指针变量也可以分为不同的类型。

7.1.1 定义一个指针变量

定义指针变量的格式如下：

```
类型名 *指针变量名1,*指针变量名2,……
```

例如：

```
int *pt1,*pt2          /*定义了两个指针变量pt1、pt2,基类型为整型,即指向的数据
                       类型为整型*/
float *f;              /*定义指针变量f,基类型为浮点型,即指向的数据类型为浮点
                       型*/
```

```
char *pc;                  /*定义指针变量pc,基类型为字符型,即指向的数
                           据类型为字符型*/
```

需要说明以下两点：

(1)C 语言变量先定义后使用,指针变量也不例外,为了表示指针变量是存放地址的特殊变量,定义变量时在变量名前加“*”。

(2)指针变量存放地址值,计算机用 2 字节表示一个地址,所以指针变量无论什么类型,其本身在内存中占用的空间都是 2 字节。

7.1.2 指针变量的引用

指针变量一定要有确定的值后才可以使用。禁止使用未初始化或未赋值的指针,因为此时的指针变量指向的内存空间是无法确定的,使用它可能导致系统崩溃。

1. 取址运算符

可以用取址运算符 & 获得变量的地址,格式如下：

```
&变量名
```

例如：

```
int a,*p;
p=&a;
```

以上两条语句也可以写成：

```
int a,*p=&a;
```

2. 间接访问运算符

可以通过间接访问运算符“*”获得指针变量所指单元中的值,格式如下：

```
*指针变量
```

例如：

```
int a,*p;
p=&a;
scanf("%d",p);
```

```
(*p)++;
printf("%d,%d,*p,a);
```

若输入 12,则输出结果为:13,13。

7.2 指针变量

指针变量的指针和指针变量是不同的概念,指针变量的指针等价于变量的地址,而指针变量是存放变量地址的变量。下面详细介绍指向变量的指针变量,即存放变量地址的指针变量。

7.2.1 指针变量的定义

指针变量是存放一个变量地址的变量。指针变量不同于其他类型的变量,它是专门用来存放内存地址的,也称为地址变量。在C语言中所有的变量必须先定义后使用,定义指针变量的一般形式为

```
类型说明符 *变量名;
```

其中,"*"表示这是一个指针变量,变量名即定义的指针变量名,类型说明符表示本指针变量所指向变量的数据类型。

例如:

```
int * p1;
```

表示 p1 是一个指针变量,它的值是某个整型变量的地址。或者说 p1 指向一个整型变量。至于 p1 究竟指向哪一个整型变量,应由向 p1 赋予的地址来决定。

再如:

```
int *p2;                      /* p2 是指向整型变量的指针变量 */
float *p3;                    /* p3 是指向浮点变量的指针变量 */
char *p4;                     /* p4 是指向字符变量的指针变量 */
```

定义指针变量时应明确 3 点:是指针变量而不是普通变量;指针变量名;该指针变量中能存放哪一种类型变量的地址。

需要注意的是，一个指针变量只能指向同类型的变量，如 p3 只能指向浮点变量，不能时而指向一个浮点变量，时而又指向一个字符变量。

7.2.2 指针变量的引用

指针变量同普通变量一样，使用之前不仅要定义，而且必须赋予具体的值。未经赋值的指针变量不能使用，否则将造成系统混乱，甚至死机。指针变量的赋值只能赋予地址，决不能赋予任何其他数据，否则将引起错误。在 C 语言中，变量的地址是由编译系统分配的，用户不知道变量的具体地址。

有两个相关的运算符：

- &：取地址运算符。
- *：指针运算符(或称间接访问运算符)。

C 语言中提供了地址运算符"&"来表示变量的地址。其一般形式为

```
&变量名;
```

例如，&a 表示变量 a 的地址，&b 表示变量 b 的地址，变量本身必须预先说明。

设有指向整型变量的指针变量 p，如要把整型变量 a 的地址赋予 p 可以有以下两种方式：

(1)指针变量初始化的方法。

```
int a;
int *p=&a;
```

(2)赋值语句的方法。

```
int a;
int *p;
p=&a;
```

不允许把一个数赋予指针变量，因此下面的赋值是错误的：

```
int *p;
p=1000;
```

假设：

```
int i=200, x;
int *ip;
```

定义了两个整型变量 i、x，还定义了一个指向整型数据的指针变量 ip。i、x 中可以存放整数，而 ip 中只能存放整型变量的地址。可以把 i 的地址赋给 ip：

```
ip=&i;
```

此时指针变量 ip 指向整型变量 i，假设变量 i 的地址为 1800，这个赋值可形象理解为图 7-1 所示的关系。

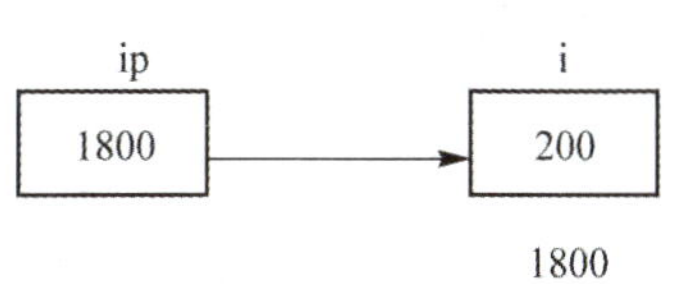

图 7-1 指针变量与地址的关系

以后便可以通过指针变量 ip 间接访问变量 i。例如：

```
x= * ip;
```

运算符“ * ”访问以 ip 为地址的存储区域，而 ip 中存放的是变量 i 的地址，因此，* ip 访问的是地址为 1800 的存储区域(因为是整数，实际上是从 1800 开始的两个字节)，它就是 i 所占用的存储区域，所以上面的赋值表达式等价于

```
x=i;
```

另外，指针变量与一般变量一样，存放在它们之中的值是可以改变的，也就是说可以改变它们的指向，假设：

```
int i,j, * p1, * p2;
i=a;
j=b;
p1=&i;
p2=&j;
```

则建立图 7-2 所示的关系。

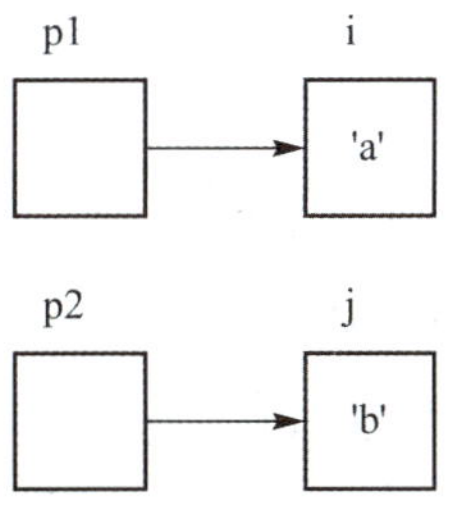

图 7-2 指针变量的指向关系(1)

这时赋值表达式

```
p2=p1
```

就使 p2 与 p1 指向同一对象 i,此时 * p2 就等价于 i,而不是 j,如图 7-3 所示。

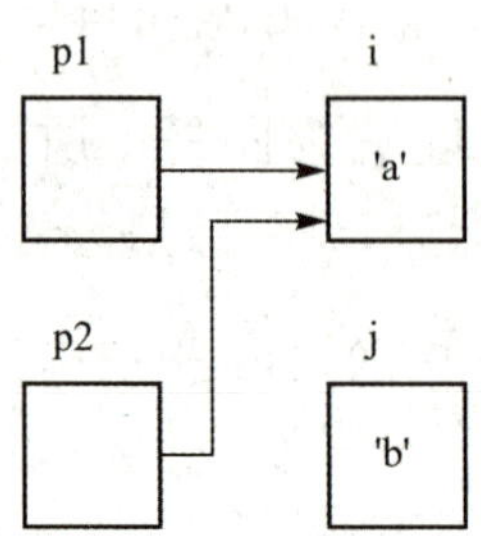

图 7-3 指针变量的指向关系(2)

如果执行如下语句:

```
*p2=*p1;
```

则表示把 p1 指向的内容赋给 p2 所指的区域,此时就变成如图 7-4 所示。

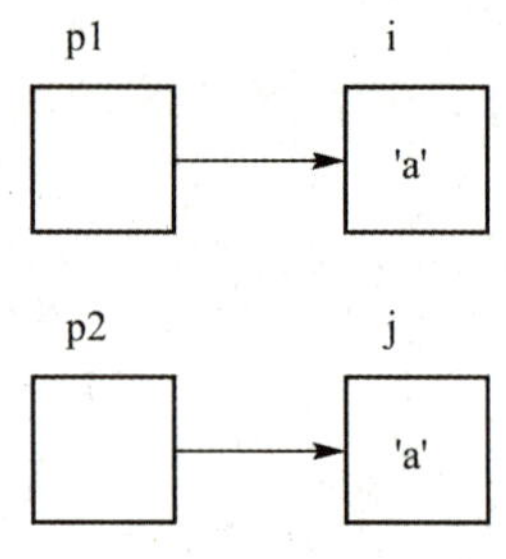

图 7-4 指针变量的指向关系(3)

通过指针访问它所指向的一个变量是以间接访问的形式进行的,所以比直接访问一个变量要耗费时间,而且不直观。因为通过指针要访问哪一个变量,取决于指针的值(指向)。例如,“ * p2= * p1;”实际上就是“j=i;”,前者不仅速度慢且目的不明。但由于指针是变量,可以通过改变它们的指向,以间接访问不同的变量,这给程序员带来了灵活性,也使程序代码编写得更为简洁和有效。

指针变量可出现在表达式中,设

```
int x,y,*px=&x;
```

指针变量 px 指向整数 x,则 * px 可出现在 x 能出现的任何地方。例如:

```
y=*px+5;      /* 表示把 x 的内容加 5 并赋给 y */
y=++*px;      /* px 的内容加上 1 之后赋给 y,++*px 相当于++(*px) */
y=*px++;      /* 相当于 y=*px; px++ */
```

【例 7-1】 指针变量的使用。

参考程序如下：

```
/* 指针变量的使用 */
#include <stdio.h>
int main(){
  int a,b;
  int *pointer_1, *pointer_2;
  a=100;
  b=10;
  pointer_1=&a;
  pointer_2=&b;
  printf("%d,%d\n",a,b);
  printf("%d,%d\n",*pointer_1, *pointer_2);
  return 0;
}
```

程序运行结果如图 7-5 所示。

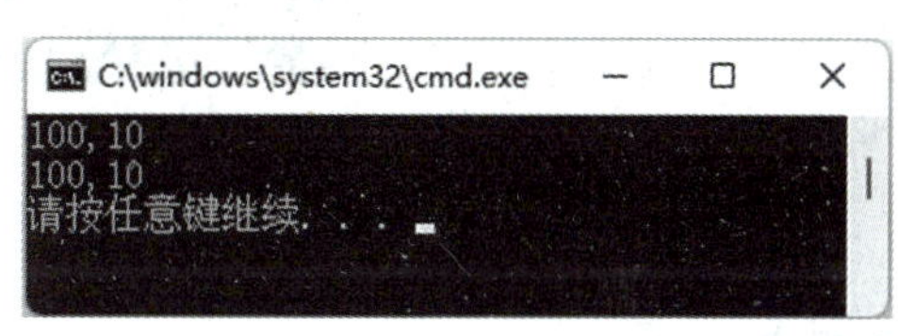

图 7-5 【例 7-1】运行结果

(1)在开头处虽然定义了两个指针变量 pointer_1 和 pointer_2,但它们并未指向任何一个整型变量。只是提供两个指针变量,规定它们可以指向整型变量。程序第 8、9 行的作用就是使 pointer_1 指向 a,pointer_2 指向 b。

(2)最后的 *pointer_1 和 *pointer_2 就是变量 a 和 b。最后两个 printf 函数的作用是相同的,只不过前者是直接访问,后者是间接访问。

(3)程序中有两处出现 *pointer_1 和 *pointer_2,请区分它们的不同含义。

(4)程序第 8、9 行的"pointer_1=&a;"和"pointer_2=&b;"不能写成"*pointer_1=&a;"和"*pointer_2=&b;"。

【例 7-2】 输入 a 和 b 两个整数,按先大后小的顺序输出 a 和 b。

参考程序如下：

```
/* 利用指针访问 */
#include <stdio.h>
```

```
int main(){
  int *p1, *p2, *p,a,b;
  scanf("%d,%d",&a,&b);
  p1=&a;
  p2=&b;
  if(a<b){
  p=p1;p1=p2;p2=p;}
  printf("\na=%d,b=%d\n",a,b);
  printf("max=%d,min=%d\n", *p1, *p2);
  return 0;
}
```

程序运行结果如图 7-6 所示。

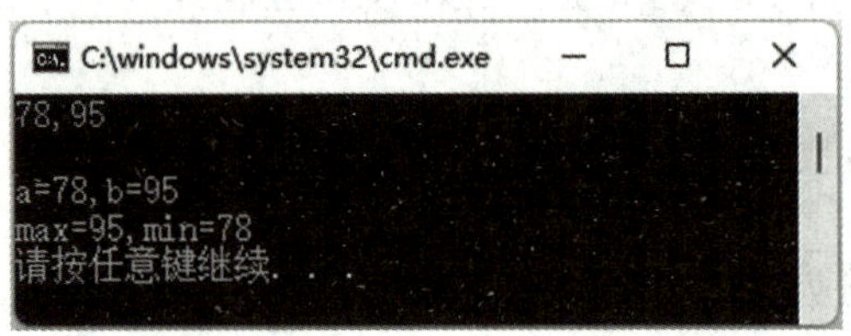

图 7-6 【例 7-2】运行结果

7.2.3 指针变量的运算

1. 指针变量的算术运算

指针变量的算术运算有 3 种，即指针与整数的加、减运算，指针的加 1 和减 1 运算，指针相减运算。

1)指针与整数的加、减运算

指针 point 加上或减去一个整数 n，将相对于当前位置前移或后移 n 个存储单元。一个存储单元的长度(占的字节数)取决于指针的类型，因此，p+n 所表示的实际内存地址(以字节编号)如下：

```
(point)+n*sizeof(指针的数据类型)(单位:字节)
```

例如：

```
int n, *pn;
```

则对于 pn+5 运算后的结果为

```
(pn)+5*sizeof(int)=(pn)+5*2=(pn)+10(字节)
```

2)指针加 1 和减 1 运算

这是指针与整数的加减运算的特例,指针加 1 运算后就指向内存中下一个数据位置,而减 1 以后就指向前一个数据位置。下面是指针加 1 运算的例子:

```
int *pn,n,m;
pn=&n;
m=*pn++                    /* 即 m=*(pn++)*/
m=*++pn;                   /* 即 m=*(++pn)*/
m=(*pn)++                  /* 先给 m 赋值,后使指针指向的变量的值加 1 */
m=++(*pn);                 /* 将指针指向的变量的值加 1 后赋给 m */
```

3)指针相减运算

对于同一类型的指针变量 p1 和 p2,p2-p1 的意义是两个指针间数据的个数,而不是两个指针间的字节数。从下式就可以看出这一点:

```
p2-p1=((p2)--(p1))/sizeof(指针目标变量的数据类型)
```

例如,若 p2=2048,p1=1024,p2 和 p1 的目标变量的数据类型为 float,则 p2 和 p1 之间有 256 个 float 型的数据,其计算方法如下:

```
p2-p1=((p2)-(p1))/sizeof(float)
=(2048-1024)/4
=256
```

2. 指针变量的关系运算

两个指向同一组数据类型相同的数据的指针之间可以进行表 7-1 所示的各种关系运算。两个指针之间的关系运算表示它们的目标变量的地址位置之间的关系。

表 7-1 指针变量的关系运算

关系运算符	例 子	含 义
<	px<py	若关系成立,则表示 px 的目标变量在 py 目标变量之前
==	px==py	若关系成立,则表示两指针的目标变量的位置相同

（续表）

关系运算符	例　子	含　义
<=	px<=py	若关系成立，则表示 px 的目标变量的位置与 py 目标位置相同，或在它之前
>	px>=py	若关系成立，则表示 px 的目标变量在 py 目标变量之后
>=	px>=py	若关系成立，则表示 px 目标变量的位置与 py 目标变量的位置相同，或在它之后
!=	px != py	若关系成立，则说明两个指针变量的位置不同

在进行指针关系运算时需要注意以下几点：

(1)两个不同数据类型的指针之间的关系运算是无意义的。

(2)指针与一般整数之间的关系运算也是没有意义的。

(3)不可用指向不同数组的两个指针进行关系运算。

(4)指针可以与 0 进行“==”或“!=”比较，以判断是否为空指针。

3. 指针变量的赋值运算

可以对指针进行赋值运算，但所赋的值一定是地址常量，而不是一般整数。常见的赋值形式有以下几种：

(1)可以把一个变量的地址赋给与其具有相同数据类型的指针。例如：

```
int n, *pn;
px=&n;
```

(2)具有相同数据类型的两个指针可以相互赋值。例如：

```
float *px, *py,y;
px=&y;
py=px;
```

(3)可以把一个数组的地址赋给与其数据类型相同的指针。例如：

```
double a[30], *pa, *pb;
pa=a;
pb=&a[0];
```

(4)其他常用的赋值运算。设 px 和 py 是具有相同数据类型的两个指针，则以下这些赋值运算均是合法的：

```
px=py+n;
px=py-n;
px+=n;
px-=n;
```

7.3 指针与数组

既然指针变量的值是一个地址，那么这个地址不仅可以是变量的地址，也可以是其他数据结构的地址。在一个指针变量中存放一个数组或一个函数的首地址有何意义呢？因为数组或函数都是连续存放的。通过访问指针变量取得了数组或函数的首地址，也就找到了该数组或函数。这样一来，凡是出现数组、函数的地方都可以用一个指针变量来表示，只要为该指针变量赋予了数组或函数的首地址即可。这样做将会使程序的概念十分清楚，程序本身也精炼、高效。

7.3.1 指向数组元素的指针变量

一个数组是由连续的一块内存单元组成的。数组名就是这块连续内存单元的首地址。一个数组也是由各个数组元素（下标变量）组成的。每个数组元素按其类型不同占有几个连续的内存单元。一个数组元素的首地址也是指它所占有的几个内存单元的首地址。

定义一个指向数组元素的指针变量的方法，与以前介绍的指针变量相同。

例如：

```
int a[10];                    /*定义a为包含10个整型数据的数组*/
int *p;                       /*定义p为指向整型变量的指针*/
```

应当注意，因为数组为int型，所以指针变量也应为指向int型的指针变量。下面是对指针变量赋值：

```
p=&a[0];
```

把a[0]元素的地址赋给指针变量p，也就是说，p指向a数组的第0号元素，如图7-7所示。

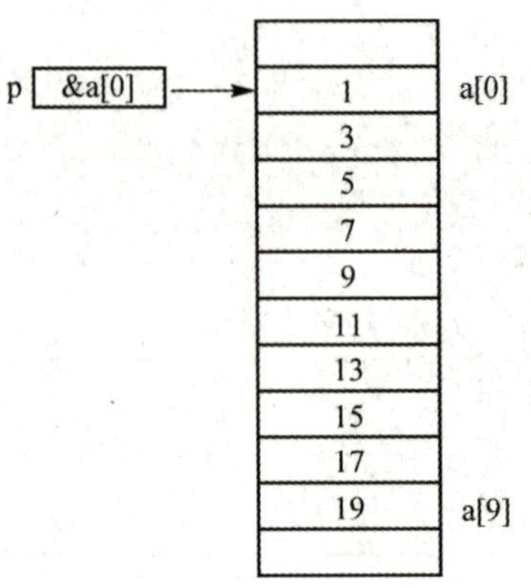

图 7-7 指向数组元素的指针变量

C语言规定，数组名代表数组的首地址，也就是第0号元素的地址。因此，下面两个语句等价：

```
p=&a[0];
p=a;
```

在定义指针变量时可以为其赋初值：

```
int *p=&a[0];
```

它等效于：

```
int *p;
p=&a[0];
```

当然定义时也可以写成：

```
int *p=a;
```

可以看出有以下关系：

p、a、&a[0]均指向同一单元，它们是数组a的首地址，也是第0号元素a[0]的首地址。应该说明的是，p是变量，而a、&a[0]都是常量。

数组指针变量说明的一般形式为

```
类型说明符 *指针变量名;
```

其中，类型说明符表示所指数组的类型。从一般形式可以看出，指向数组的指针变量和指向普通变量的指针变量的说明是相同的。

7.3.2 通过指针引用数组元素

C 语言规定：如果指针变量 p 已指向数组中的一个元素，则 p+1 指向同一数组中的下一个元素。

引入指针变量后，就可以用两种方法来访问数组元素了。

如果 p 的初值为 &a[0]，则：

(1) p+i 和 a+i 就是 a[i]的地址，或者说它们指向 a 数组的第 i 个元素，如图 7-8 所示。

(2) *(p+i)或*(a+i)就是 p+i 或 a+i所指向的数组元素，即 a[i]。例如，*(p+5)或*(a+5)就是 a[5]。

(3) 指向数组的指针变量也可以带下标，如 p[i]与*(p+i)等价。

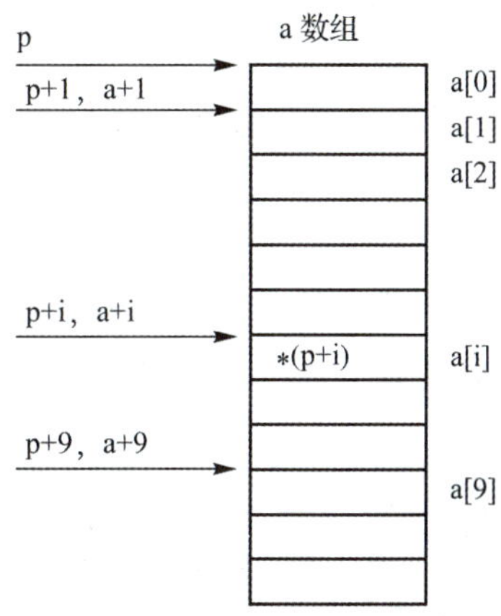

图 7-8　通过指针引用数组元素

根据以上叙述，可以使用以下方法引用一个数组元素：

(1) 下标法，即用 a[i]形式访问数组元素。在前面介绍数组时都是采用的这种方法。

(2) 指针法，即采用*(a+i)或*(p+i)形式，用间接访问的方法来访问数组元素，其中，a 是数组名，p 是指向数组的指针变量，其初值 p=a。

【例 7-3】 输出数组中的全部元素(下标法)。

参考程序如下：

```
main()
{
  int a[10],i;
  for(i=0;i<10;i++)
  a[i]=i;
  for(i=0;i<5;i++)
    printf("a[%d]=%d\n",i,a[i]);
}
```

【例 7-4】 输出数组中的全部元素(通过数组名计算元素的地址,找出元素的值)。

参考程序如下:

```
main()
{
  int a[10],i;
  for(i=0;i<10;i++)
    *(a+i)=i;
  for(i=0;i<10;i++)
    printf("a[%d]=%d\n",i,*(a+i));
}
```

【例 7-5】 输出数组中的全部元素(用指针变量指向元素)。

参考程序如下:

```
main()
{
  int a[10],i,*p;
  p=a;
  for(i=0;i<10;i++)
    *(p+i)=i;
  for(i=0;i<10;i++)
    printf("a[%d]=%d\n",i,*(p+i));
}
```

需要注意以下两个问题:

(1)指针变量可以实现本身的值的改变,如 p++是合法的;而 a++是错误的,因为 a 是数组名,它是数组的首地址,是常量。

(2)要注意指针变量的当前值。

测试题

7.3.3 指向多维数组的指针

这里以二维数组为例介绍多维数组的指针变量。

1. 多维数组的地址

设有整型二维数组 a[3][4]:

0 1 2 3

4 5 6 7

8 9 10 11

它的定义为

```
int a[3][4]={{0,1,2,3},{4,5,6,7},{8,9,10,11}}
```

设数组 a 的首地址为 1000,各下标变量的首地址及其值如图 7-9 所示。

前面介绍过,C 语言允许把一个二维数组分解为多个一维数组来处理。因此,数组 a 可分解为 3 个一维数组,即 a[0]、a[1]和 a[2]。每一个一维数组又含有 4 个元素,如图 7-10 所示。

1000 0	1002 1	1004 2	1006 3
1008 4	1010 5	1012 6	1014 7
1016 8	1018 9	1020 11	1022 12

图 7-9 各下标变量的首地址及其值

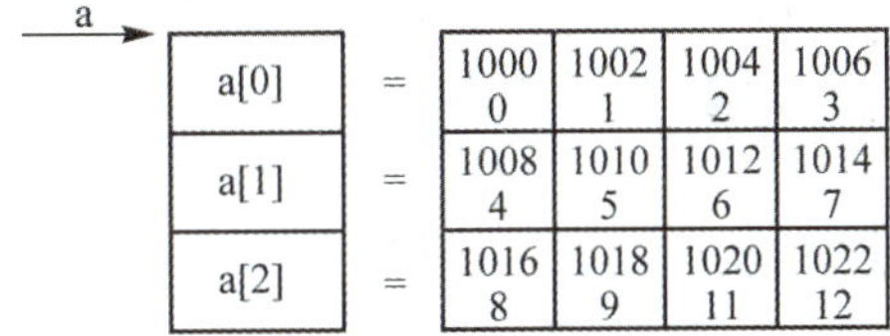

图 7-10 将二维数组分解为一维数组

例如,a[0]数组含有 a[0][0]、a[0][1]、a[0][2]、a[0][3]4 个元素。

数组及数组元素的地址表示如下:从二维数组的角度来看,a 是二维数组名,a 代表整个二维数组的首地址,也是二维数组第 0 行的首地址,等于 1000。a+1 代表第一行的首地址,等于 1008,如图 7-11 所示。

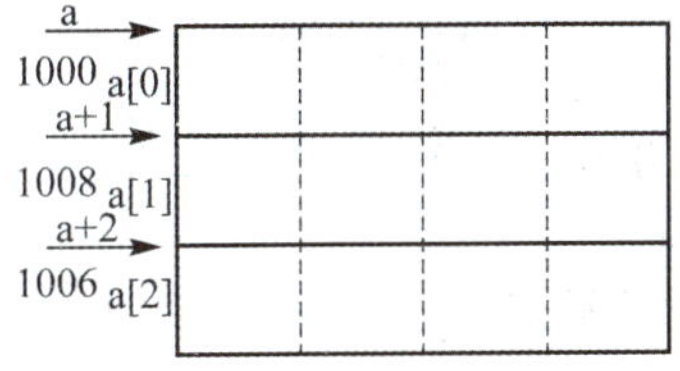

图 7-11 数组及数组元素的地址表示

a[0]是第一个一维数组的数组名和首地址,因此也为 1000。*(a+0)或*a 是与 a[0]等效的,它表示一维数组 a[0]第 0 号元素的首地址,也为 1000。&a[0][0]是二维数组 a 的 0 行 0 列元素首地址,同样是 1000。因此,a、a[0]、*(a+0)、*a、&a[0][0]是等同的。

同理,a+1 是二维数组第 1 行的首地址,等于 1008。a[1]是第二个一维数组的数组名和首地址,因此也为 1008。&a[1][0]是二维数组 a 的 1 行 0 列元素地址,也是 1008。因此,a+1、a[1]、*(a+1)、&a[1][0]是等同的。

由此可得出:a+i、a[i]、*(a+i)、&a[i][0]是等同的。

此外,&a[i]和 a[i]也是等同的。因为在二维数组中不能把 &a[i]理解为元素 a[i]的地址,不存在元素 a[i]。C 语言规定,它是一种地址计算方法,表示数组 a 第 i

行首地址。由此得出,a[i]、&a[i]、*(a+i)和a+i也都是等同的。

另外,a[0]也可以看成是a[0]+0,是一维数组a[0]的0号元素的首地址,而a[0]+1则是a[0]的第1号元素的首地址,由此可以得出,a[i]+j是一维数组a[i]的j号元素的首地址,它等于&a[i][j],如图7-12所示。

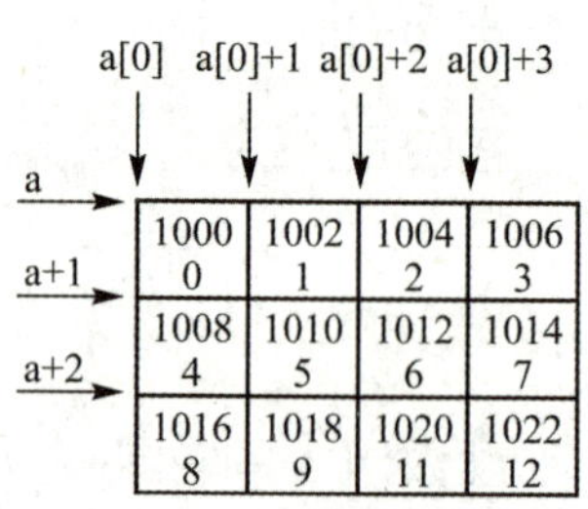

图7-12 示 意 图

由a[i]=*(a+i),得a[i]+j=*(a+i)+j。由于*(a+i)+j是二维数组a的第i行j列元素的首地址,该元素的值等于*(*(a+i)+j)。

2. 指向多维数组的指针变量

把二维数组a分解为一维数组a[0]、a[1]、a[2]之后,设p为指向二维数组的指针变量,可定义为

```
int (*p)[4];
```

它表示p是一个指针变量,它指向包含4个元素的一维数组。若指向第一个一维数组a[0],其值等于a、a[0]或&a[0][0]等,而p+i则指向一维数组a[i]。从前面的分析可得出,*(p+i)+j是二维数组i行j列元素的地址,而*(*(p+i)+j)则是i行j列元素的值。

二维数组指针变量说明的一般形式为

```
类型说明符 (*指针变量名)[长度]
```

其中,类型说明符为所指数组的数据类型。"*"表示其后的变量是指针类型。长度表示二维数组分解为多个一维数组时一维数组的长度,也就是二维数组的列数。应注意"(*指针变量名)"两边的括号不可少,若缺少括号,则表示是指针数组,意义就完全不同了。

【例7-6】 分析下面程序的输出结果。

```
/* 二维数组中元素指针的表示 */
#include <stdio.h>
int main()
{
  int a[3][4]={0,1,2,3,4,5,6,7,8,9,10,11};
  printf("%d,",a);
```

```
    printf("%d,",*a);
    printf("%d,",a[0]);
    printf("%d,",&a[0]);
    printf("%d\n",&a[0][0]);
    printf("%d,",a+1);
    printf("%d,",*(a+1));
    printf("%d,",a[1]);
    printf("%d,",&a[1]);
    printf("%d\n",&a[1][0]);
    printf("%d,",a+2);
    printf("%d,",*(a+2));
    printf("%d,",a[2]);
    printf("%d,",&a[2]);
    printf("%d\n",&a[2][0]);
    printf("%d,",a[1]+1);
    printf("%d\n",*(a+1)+1);
    printf("%d,%d\n",*(a[1]+1),*(*(a+1)+1));
    return 0;
}
```

程序运行结果如图 7-13 所示。

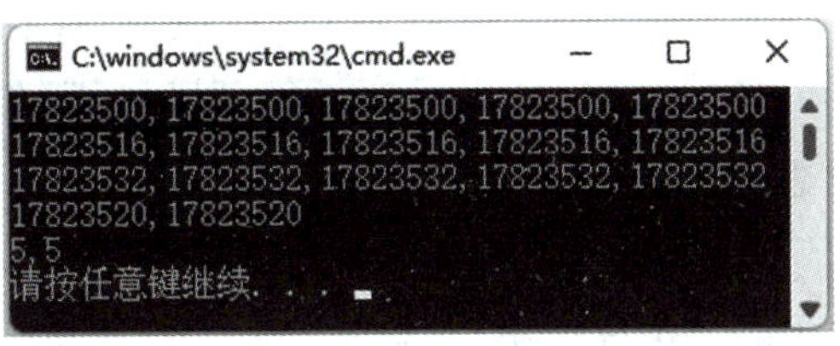

图 7-13 【例 7-6】运行结果

7.3.4 指针数组

1. 指针数组的概念

指针数组是一个数组，该数组是指针变量的集合，即它的每一个元素都是一个指针变量，这些指针变量具有相同的数据类型。例如：

```
int *p[3];
char *pc[5];
```

定义的都是指针数组，其中，p 数组包含 3 个指针元素，而且它们都是 int 类型的指针。数组 pc 包含 5 个指针元素，它们都是 char 型指针。

指针数组同其他数组一样，按数组下标的次序存放在一片连续的存储空间，数组名是其所占区域的首地址。指针数组在使用之前必须先定义。例如，下面是对指针数组的初始化：

```
main(){
  static int m[2][5];
  static int *pm[2]={&m[0][1],&m[1][2]};      /* 指针数组的初始化 */
  …
}
```

这时指针 pm[0]指向 m[0]，pm[1]指向 m[1]，如图 7-14 所示。

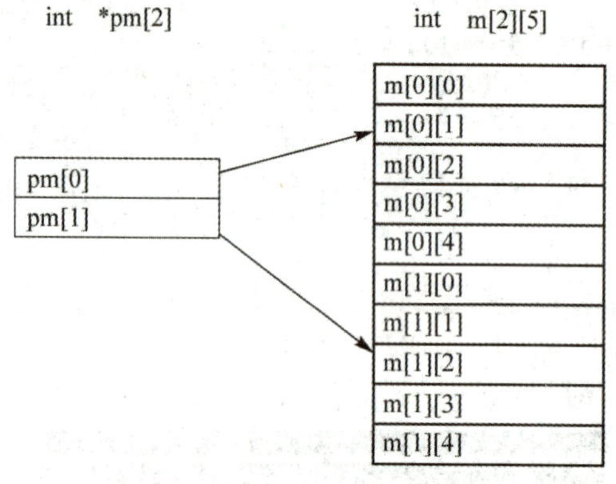

图 7-14　指针数组的初始化

字符指针数组初始化时，可直接使用多个字符串，即把每个字符串的首地址赋给字符指针数组的各元素。

2. 指针数组的应用

可用指针数组来处理多维数组，且最常用于处理多个字符串。下面通过实例来进一步说明其在处理多维数组和字符串方面的应用。首先列出使用指针数组对二维数组元素进行引用的各种方式。

```
int m[3][6];
int *pm[3];
pm[0]=m[0];
pm[1]=m[1];
pm[2]=m[2];
printf("%d",m[2][4]);
printf("%d",(m[2]+4));
printf("%d",pm[2][4]);
printf("%d",*(pm[2]+4));
printf("%d",*(*(pm+2)+4));
/*5个printf语句将打印出同样的结果,即m[2][4]的值*/
```

例如,下面的程序实现的是:输入星期号(从星期日到星期六分别是0~6),输出对应的英文名称。分析:定义一个指针数组,其中的每一个指针指向7个字符串中的一个,这样,字符串的意义与指针的标号对应起来,可以方便地使用。其程序如下:

```
#include <stdio.h>
main()
{
char *p[7]={"Sunday","Monday","Tuesday","Wednesday","Thursday",
"Friday","Saturday"};
int code;
printf("input the code of the day(0-6):");
scanf("%d",&code);
printf("Today is %s",p[code]);
}
```

7.4 指针与函数

因为函数是连续存放的,通过访问指针变量可以取得函数的首地址,也就找到了该函数。这样,就可以用一个指针变量来表示函数的首地址,并可以很方便地引用函数。

7.4.1 用指针实现函数的地址传递

C语言中的参数是按值传递的，被调用的函数不能直接改变调用函数中的变量。只有通过传递地址，函数才能改变地址所指的单元的内容，所以传递指针和数组名可以改变调用函数中的变量。

【例 7-7】 指针作为函数的参数。

参考程序如下：

```
/* 指针作为函数的参数 */
#include <stdio.h>
int main(){
  void  sub(int *p1,int *p2);
  int x,y;
  sub(&x,&y);
  printf("%d,%d\n",x,y);
  return 0;
}
void sub(int *p1,int *p2){
   *p1=88;
   *p2=99;
}
```

程序运行结果如图 7-15 所示。

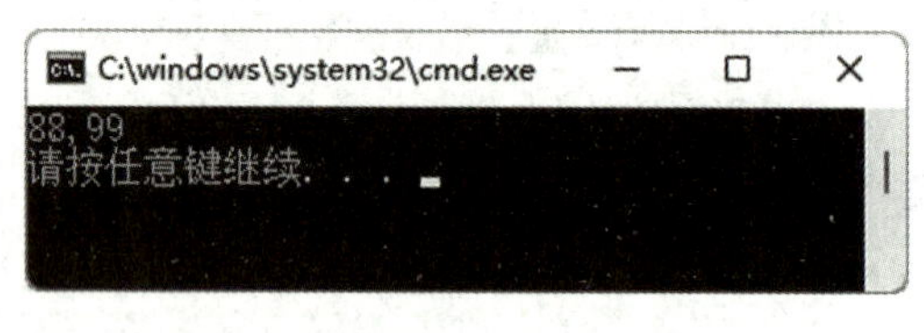

图 7-15 【例 7-7】运行结果

在本程序中，函数 sub 的形参是两个指针变量。主函数在调用 sub 函数时，不是使用 x 和 y 这两个变量的值作为调用函数的实参，而是它们的地址 &x 和 &y。假设 x 和 y 已分配的地址是 2020 和 2022，则 sub 函数中的 p1 和 p2 的值就是 x 和 y 的地址值，分别为 2020 和 2022。

当执行 sub 函数时，将 88 和 99 分别赋给 *p1 和 *p2，即 p1 和 p2 所指向的变量，在实现这两个赋值语句时，先找到 p1 和 p2，从中得到它们的值 2020 和 2022；然后找到 2020 和 2022 单元，将 88 和 99 分别放到这两个地址开始的整型变量单元中。这样，x 和 y 也就得到了值，于是在主函数中就可以直接输出。

7.4.2 返回指针值的函数

函数的返回值可以是整型、字符型等。在C语言中允许一个函数的返回值是一个指针(地址),这种返回指针值的函数称为指针型函数。

定义指针型函数的一般形式为

```
类型说明符 *函数名(形参表){
  …/*函数体*/
}
```

其中,函数名之前加了"*"号表明这是一个指针型函数,即返回值是一个指针。类型说明符表示了返回的指针值所指向的数据类型。例如:

```
int *ap(int x,int y){
  …/*函数体*/
}
```

表示ap是一个返回指针值的指针型函数,它返回一个指向整型变量的指针(地址)。

【例7-8】 通过指针函数,输入一个1~7的整数,输出对应的星期名。

参考程序如下:

```
/* 指针函数的使用 */
#include <stdio.h>
#include <stdlib.h>
int main(){
  int i;
  char *day_name(int n);
  printf("input Day No:\n");
  scanf("%d",&i);
  if(i<0) exit(1);
  printf("Day No:%2d-->%s\n",i,day_name(i));
  return 0;
}
char *day_name(int n){
```

```
    static char *name[]={ "Illegal day","Monday","Tuesday",
  "Wednesday","Thursday","Friday","Saturday","Sunday"};
    return((n<1||n>7) ? name[0] : name[n]);
  }
```

程序运行结果如图 7-16 所示。

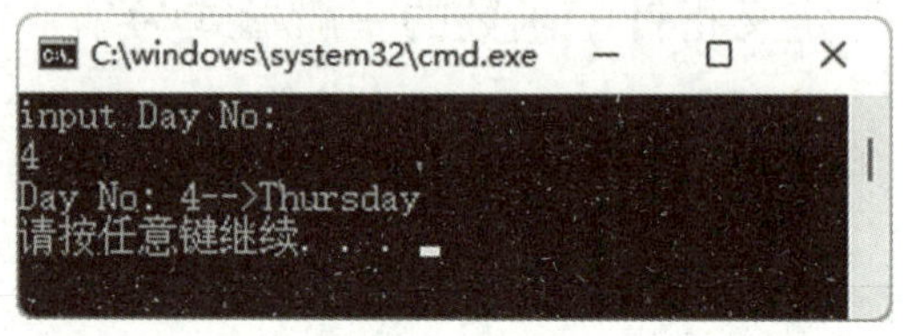

图 7-16 【例 7-8】运行结果

本例中定义了一个指针型函数 day_name,它的返回值指向一个字符串。该函数中定义了一个静态指针数组 name。name 数组初始化赋值为 8 个字符串,分别表示各个星期名和出错提示。形参 n 表示与星期名对应的整数。在主函数中,把输入的整数 i 作为实参,在 printf 语句中调用 day_name 函数并把 i 值传送给形参 n。day_name 函数中的 return 语句包含一个条件表达式,若 n 值大于 7 或小于 1,则把 name[0]指针返回主函数,输出出错提示字符串"Illegal day",否则返回主函数,输出对应的星期名。

主函数中的第 9 行是个条件语句,其语义是:若输入为负数(i<0),则终止程序运行退出程序。exit 是一个库函数,exit(1)表示发生错误后退出程序,exit(0)表示正常退出。int (*p)()是一个变量说明,说明 p 是一个指向函数入口的指针变量,该函数的返回值是整型量,(*p)两边的括号不能少。

int *p()不是变量说明而是函数说明,说明 p 是一个指针型函数,其返回值是一个指向整型量的指针,*p 两边没有括号。作为函数说明,在括号内最好写入形式参数,这样便于与变量说明区别。对于指针型函数定义,int *p()只是函数头部分,一般还应该有函数体部分。

7.4.3 指向函数的指针

C 语言规定,一个函数总是占用一段连续的内存区,而函数名就是该函数所占内存区的首地址。可以把函数的这个首地址(或称入口地址)赋予一个指针变量,使该指针变量指向该函数。然后通过指针变量就可以找到并调用这个函数。把这种指向函数的指针变量称为函数指针变量。

函数指针变量定义的一般形式为

```
类型说明符 (*指针变量名)(参数列表);
```

其中,类型说明符表示被指函数的返回值的类型。"(* 指针变量名)"表示"*"后面的变量是定义的指针变量。例如:

```
int ( * pf)(int);
```

表示 pf 是一个指向函数入口的指针变量,该函数的返回值(函数值)是整型。

【例 7-9】 用指针形式实现对函数的调用。

参考程序如下:

```
/ * 求两个数中的较大数 * /
#include <stdio.h>
int max(int a,int b) {                /* 定义函数 max */
  if(a>b)
  return a;
  else
  return b;
}
int main(){
  int ( * pmax)(int,int);             /* 定义 pmax 为函数指针变量 */
  int x,y,z;
  pmax=max;                           /* pmax 指向函数 max */
  printf("input two numbers:\n");
  scanf("%d,%d",&x,&y);
  z=( * pmax)(x,y);                   /* 等价于 z=max(x,y); */
  printf("maxmum=%d\n",z);
  return 0;
}
```

程序运行结果如图 7-17 所示。

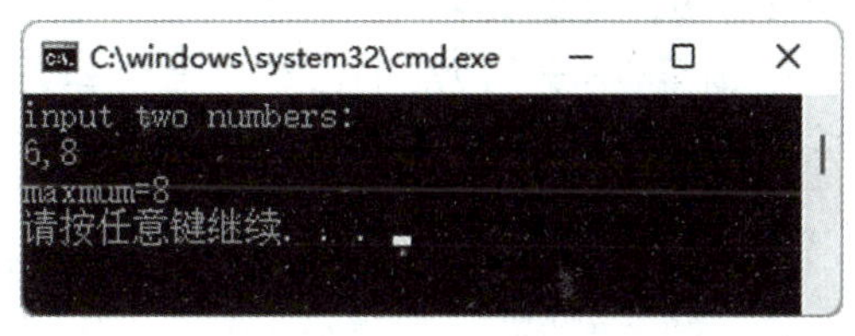

图 7-17 【例 7-9】运行结果

从上述程序可以看出,用函数指针变量形式调用函数的步骤如下:

(1)先定义函数指针变量,程序中"int (* pmax)(int,int);"定义 pmax 为函数指针变量。

(2)把被调函数的入口地址(函数名)赋予该函数指针变量，如程序中“pmax=max;”。

(3)用函数指针变量形式调用函数，如程序中“z=(*pmax)(x,y);”。

调用函数的一般形式为

```
(*指针变量名)(实参表)
```

注意：

(1)函数指针变量不能进行算术运算，这是与数组指针变量不同的。数组指针变量加减一个整数可使指针移动指向后面或前面的数组元素，而函数指针的移动是毫无意义的。

(2)函数调用中“(*指针变量名)”两边的括号不可少，其中的“*”不应该理解为求值运算，在此处它只是一种表示符号。

总结反思

1. 一维数组及指针

1)指向一维数组的指针

数组的指针就是数组名，是指数组的首地址。例如，有“int a[5];”，则 a 等价于 &a[0]。

当有如下定义和赋值：

```
int a[5], *p;
p=a;
```

p 就是指向一维数组的指针。C 语言规定：如果指针变量 p 已指向数组中的一个元素，则 p+1 指向同一数组中的下一个元素，所以可以通过 p 指针的移动或(p+i)访问数组元素。

2)一维数组元素的引用

一维数组元素的引用有以下几种方法：

(1)下标法。数组 a 的 5 个元素可以表示为 a[0]、a[1]、a[2]、a[3]、a[4]。

(2)指针法。通过首地址引用数组 a 的 5 个元素可以表示为 *a、*(a+1)、*(a+2)、*(a+3)、*(a+4)；通过指针变量引用数组 a 的 5 个元素可以表示为 *p、*(p+1)、*(p+2)、*(p+3)、*(p+4)。

(3)通过带下标的指针变量引用数组 a 的元素表示为 p[0]、p[1]、p[2]、p[3]、p[4]。

2. 字符串与指针

在C语言中除了可以用字符数组表示字符串外，还可以用字符指针来表示。

(1)如果字符串已经存放在某个字符数组中，可以用赋值方式将指针变量指向该字符数组。以后可以用指针变量来处理字符数组中存放的字符串，也可以使用指针变量来处理其中的单个字符，处理方法类似于一维数组。例如：

```
char str[10]="Hello",*p;
p=str;
```

(2)C语言允许使用指针直接使用字符串常量。例如：

```
char *p="Hello";
```

或

```
char *p;
p="Hello";
```

上述两种方法都是先让字符串常量占据连续空间，再将该空间的首地址赋给指针变量。以后就可以使用该指针变量来处理字符串或字符串中的单个字符了。

习题

一、选择题

1. 设有如下程序段：

```
char str[ ]="Hello";
char *ptr;
ptr=str;
```

执行上面的程序段后，*(ptr+5)的值为(　　)。

A. 'o'　　B. '\0'　　C. 不确定的值　　D. 'o' 的地址

2. 下面函数的功能是(　　)。

```
sss(char *s,char *t)
{
```

```
while((*s)&&(*t)&&(*t++==*s++));
return(*s-*t);
}
```

A. 求字符串的长度　　B. 比较两个字符串的大小

C. 将字符串 s 复制到字符串 t 中　　D. 将字符串 s 接续到字符串 t 中

3. 设以下程序段给数组所有的元素输入数据，正确答案为(　　)。

```
#include <stdio.h>
main()
{
int a[10],i=0;
while(i<10) scanf("%d",);
⋮
}
```

A. a+(i++)　　B. &a[i+1]　　C. a+i　　D. &a[++i]

4. 设有说明“int(*ptr)[m];”，其中标识符 ptr 是(　　)。

A. m 个指向整型变量的指针

B. 指向 m 个整型变量的函数指针

C. 一个指向具有 m 个整型元素的一维数组的指针

D. 具有 m 个指针元素的一维指针数组，每个元素都只能指向整型量

5. 设有以下语句：

```
char str[4][12]={"aaa","bbbb","ccccc","dddddd"},*strp[4];
int i;
for(i=0;i<4;i++) strp[i]=str[i];
```

(　　)不是对字符串的正确引用，其中 $0\leqslant k<4$。

A. strp　　B. str[k]　　C. strp[k]　　D. *strp

6. 以下程序的输出结果是(　　)。

```
main()
{
int a[10]={1,2,3,4,5,6,7,8,9,10},*p=a;
```

```
printf("%d\n",*(p+2));
}
```

A. 3　　B. 4　　C. 1　　D. 2

7. 有以下程序：

```
void prtv(int *x)
{
printf("%d\n",++*x);
}
main()
{
int a=25;
prtv(&a);
}
```

程序的输出结果是(　　)。

A. 23　　B. 24　　C. 25　　D. 26

二、编程题

1. 编写函数，对传送过来的两个浮点数求出和与差，并通过形参传送回调用函数。

2. 用指针编写函数，建立 n 个整型元素的一维数组，求所有元素的平均值。

3. 用指针编写程序，在一个字符串的各个字符之间插入“*”成为一个新的字符串，如“abc”，执行程序后输出“a*b*c”。

4. 一个班有 n 名学生 m 门课程，用指针编写函数实现以下要求：

(1)找出两门课以上不及格的学生，输出他们的学号和全部课程成绩。

(2)找出平均成绩在 90 分以上或全部课程成绩在 85 分以上的学生。

模块 8

结构体和其他构造类型

模块 5 中学习了一种十分有用的数据结构——数组，但数组只能用来存放一组相同类型的数据。在实际应用中，一组数据通常是由不同类型的数据组成的。例如，在成绩管理系统中，学生的信息包括学号、姓名、性别、年龄、高等数学、大学英语、计算机文化基础等数据项，各数据项的数据类型不尽相同。为此，C 语言提供了结构体数据类型，它可以把多个数据项组合起来，作为一个整体数据进行处理。本模块将依次介绍在 C 语言中可由用户构造的 3 种数据类型：结构体（struct）、共用体（union）和用户定义类型（typedef）。

8.1 结构体变量

结构体是一种构造类型（自定义类型），除了结构体变量需要定义后才能使用外，结构体类型本身也需要定义。结构体由若干个成员组成，每个成员可以是一个基本的数据类型，也可以是一个已经定义的构造类型。

8.1.1 结构体类型的定义

结构体类型一般由用户根据需要自己定义，定义格式如下：

```
struct 结构体类型名
{
  类型名 1 结构体成员名表 1;
  类型名 2 结构体成员名表 2;
  …
```

```
    类型名 n 结构体成员名表 n;
};
```

需要说明以下几点:

(1)结构体类型的命名应该遵循标识符规定。

(2)结构体有若干数据成员,分别属于各自的数据类型,结构体成员名同样遵循标识符规定,名字可以与程序中其他变量或标识符同名。

(3)使用结构体类型时,“struct 结构体类型名”作为一个整体,表示名字为“结构体类型名”的结构体类型。

(4)结构体类型的成员可以是基本数据类型,也可以是其他已经定义的结构体类型,即结构体嵌套。结构体成员的类型不能是正在定义的结构体类型,但可以是正在定义的结构体类型的指针。

例如,定义关于学生信息的结构体类型:

```
struct date
{
    int year,month,day;
};
struct student
{
    char num[10];
    char name[12];
    char sex;
    struct date birthday;
    char addr[30];
    float score[4];
};
```

注意:上面指定了一个新的结构体类型 struct student。struct student 是一个类型名,它与系统提供的标准类型(如 int 等)具有相同的地位和作用。不要忽略最后的分号。

struct student 是结构体类型名,struct 是关键词,在定义和使用时均不能省略。该结构体类型由 6 个成员组成,分别属于不同的数据类型,其中成员 birthday 是 struct date 类型。

8.1.2 结构体变量的定义

声明了结构体类型后，还不能使用，因为声明的只是一种数据类型，必须定义变量才能使用。可以使用以下几种方式定义结构体变量：

(1)先声明结构体类型再定义变量。例如：

```
struct student                          /*结构体类型声明*/
{
    char num[10];
    char name[12];
    char sex;
    char addr[30];
    float score[4];
};
struct student stud1,stud2;             /*结构体变量定义*/
```

(2)在声明结构体类型的同时定义变量。例如：

```
struct student
{
    char num[10];
    char name[12];
    char sex;
    char addr[30];
    float score[4];
}stud1,stud2;
```

(3)紧跟无名结构体类型声明后直接定义变量。例如：

```
struct
{
    char num[10];
    char name[12];
    char sex;
    char addr[30];
```

```
  float score[4];
}stud1,stud2;
```

需要注意以下几点：

(1)结构体类型、结构体变量是不同的概念。

(2)一般先定义一个结构体类型，然后定义变量为该类型的变量。

(3)赋值、存取或运算只能对结构体变量，不能对结构体类型。

(4)结构体类型名只能表示一个结构形式，编译系统并不对它分配内存空间，只对结构体变量分配内存空间。

(5)各成员占据连续空间的不同地址，所占内存大小等于各成员所占内存之和。

8.1.3 结构体变量的初始化

与一般的变量一样，结构体变量也可以在定义的同时赋初值。但是变量后面的一组数据应该用“{}”括起来，其顺序也应该与结构体中的成员顺序保持一致。例如：

```
struct student
{
  char name[12];
  char sex;
  float score;
  char addr[30];
} std={"Li xue",'F',580.8,"Yantai"};
```

8.1.4 结构体变量的引用

在使用结构体时，不仅要对结构体整体进行操作，更多的是要访问结构体中的某个成员。引用结构体变量中成员的格式如下：

```
结构体变量名.成员名
```

例如，std. name 表示 std 变量中的 name 成员，std. score 表示 std 变量中的 score 成员。

可以对变量的成员赋值。例如：

```
std.score=90.6;
```

但若成员是字符数组,则不能用赋值语句,只能用 strcpy()来实现。例如:

```
strcpy(std.name,"lili");
```

需要说明以下几点:

(1)如果成员本身又是结构体类型,则要用若干成员运算符,一级一级地找到最低的一级成员。只能对最低的成员进行赋值、存取和运算。例如:

```
stud1.birthday.year
stud1.birthday.month
otud1.birthday.day
```

(2)同一种类型的结构体变量之间可以赋值(整体赋值、成员逐个依次赋值)。例如:

```
stud2=stud1;
```

(3)不允许将一个结构体变量整体输入/输出。

【例 8-1】 编写程序,计算某学生的平均分。

程序代码如下:

```
#include <stdio.h>
#include "string.h"
struct stu
{
  char num[10];
  float s[3];
};
main()
{
  float ave;
  struct stu li;
strcpy(li.num,"2022001");
  li.s[0]=78;
```

```
    li.s[1]=92;
    li.s[2]=89;
    ave=(li.s[0]+li.s[1]+li.s[2])/3;
    printf("学号 成绩 1 成绩 2 成绩 3 平均分\n");
    printf("%s%8.1f%8.1f%8.1f%8.1f\n",li.num,li.s[0],li.s[1],li.s[2],ave);
}
```

程序运行结果如图 8-1 所示。

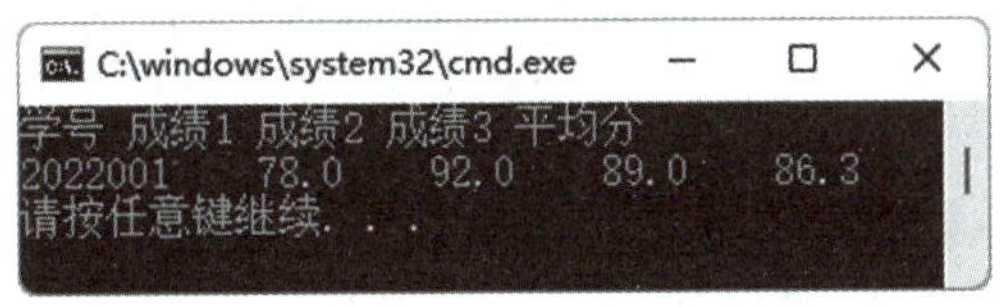

图 8-1 【例 8-1】运行结果

8.2 结构体数组与指针

一个结构体变量中可以存放学号、姓名、成绩等信息，如果有 10 个学生的数据需要处理，显然应该采用数组，这就是结构体数组。结构体数组与之前介绍的数值型数组的不同之处在于每个数组元素都是一个结构体类型的数据，它们又分别包括各个成员项。

8.2.1 结构体数组

结构体数组是指数组元素的类型为结构体类型的数组。C 语言允许使用结构体数组存放一类对象的数据。

1. 结构体数组的定义

定义结构体数组的语法格式如下：

```
struct 结构体类型名 结构体数组名[常量表达式]
```

例如：

```
struct student
{
```

```
    char name[12];
    char sex;
    float score;
    char addr[30];
};
struct student std[3];
```

2. 结构体数组的初始化

与其他类型的数组一样，对结构体数组也可以初始化。例如：

```
struct student
{
    char name[12];
    char sex;
    float score;
    char addr[30];
};
struct student std[3]={{"WangGang",'M',650.0,"jinan"},
                       {"SunYan",'F',620.8,"weihai"},
                       {"PengChao",'M',723.0,"yantai"}};
```

3. 结构体数组元素的引用

引用结构体数组元素的方法如下：

```
结构体数组名[下标].成员名
```

若要修改上面结构体数组初始化中 std[1]的 score 为 680.0，则使用以下语句：

```
std[1].score=680.0;
```

【例 8-2】 编写程序，求 3 名学生的平均分并输出。

程序代码如下：

```
#include <stdio.h>
#include <stdio.h>
struct stu1
{
```

```
    char num[10];
    float s[3],ave;
};
main()
{
    struct stul student[3];
    float sum;
    int i,j;
    for(i=0;i<3;i++)
    {
    printf("请输入第%d位学生的学号:",i+1);
    gets(student[i].num);                  /*输入学号*/
    sum=0;
    printf("请输入学号%s的3门课成绩:",student[i].num);
    for(j=0;j<3;j++)
    {
    scanf("%f",&student[i].s[j]);          /*输入成绩*/
    sum+=student[i].s[j];                  /*结构体类型的成员变量累加*/
    }
    student[i].ave=sum/3;
    fflush(stdin);                         /*清空缓冲区,stdin表示标准输入*/
    }
for(i=0;i<3;i++)
printf("学号%s的平均分为%.1f\n",student[i].num,student[i].ave);
}
```

程序运行结果如图 8-2 所示。

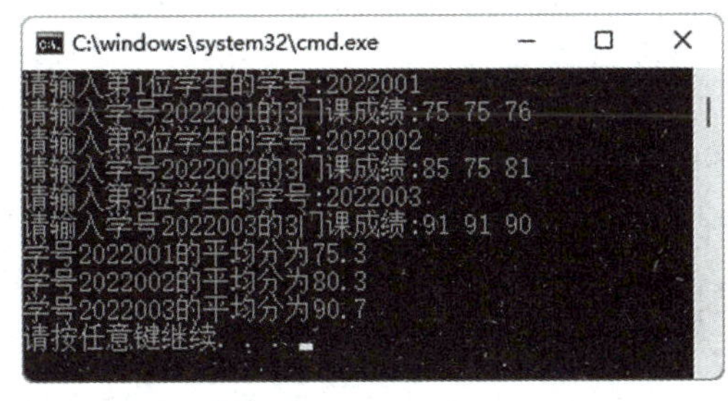

图 8-2 【例 8-2】运行结果

8.2.2 结构体指针变量

结构体指针变量是指向结构体变量的指针变量，结构体指针变量的值是结构体变量（在内存中的）起始地址。

1. 结构体指针变量的定义

定义结构体指针变量的语法格式如下：

```
struct 结构体名 *指针变量;
```

例如：

```
struct student *p;
```

定义了一个结构体指针变量，它可以指向一个 struct student 结构体类型的数据。

2. 结构体指针变量的引用

通过结构体指针引用结构成员的方法有以下两种：

(1)结构体指针变量名->成员名。

(2)(*结构体指针变量名).成员名。

注意："->"称为结构指针运算符，"."称为成员运算符。

若有以下定义和语句：

```
struct key
{
    int count;
    char word[8];
};
struct key a={12,"abc"}, *p=&a;
```

则引用结构变量 a 中的 count 域可以使用以下 3 种等价形式：

(1)a.count。

(2)p->count。

(3)(*p).count。

3. 结构体指针变量与数组

前面已经介绍过，可以使用指向数组的指针来访问数组元素。同样地，对结构

体数组也可以使用指针变量来访问结构数组中的元素。

【例 8-3】 用指针访问结构体变量及结构体数组。

程序代码如下：

```
#include <stdio.h>
main()
{
  struct student
  {
    char num[10];
    char name[12];
    char sex;
    int age;
    float score;
  };
  struct student stu[3]=
    {{"202021","Wang",'F',20,483},{"202103","Liu",'M',19,503},
{"202104","Song",'M',19,471.5}};
  struct student student1={"201701","Zhang",'F',19,496.5}, *p, *q;
  int i;
  p=&student1;
  printf("%s,%c,%5.1f\n",student1.name,(*p).sex,p->score); /* 访问结构
体变量 */
  q=stu;
  for(i=0; i<3; i++,q++)
  printf("%s,%c,%5.1f\n",q->name,q->sex,q->score);
}
```

程序运行结果如图 8-3 所示。

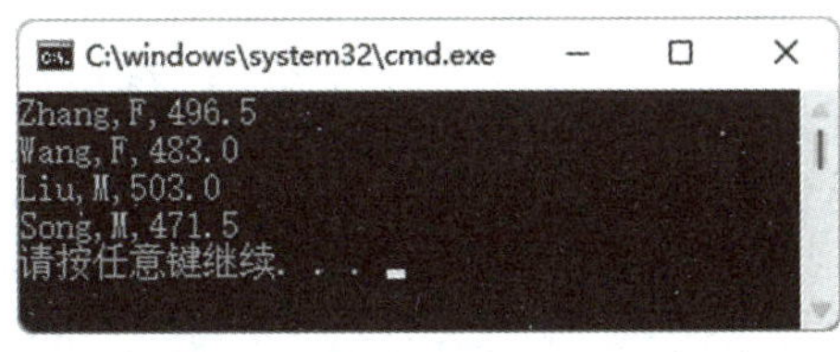

图 8-3 【例 8-3】运行结果

8.3 函数之间结构体类型的数据传递

结构体变量、结构体指针变量都可以像其他数据类型一样作为函数的参数，也可以将函数定义为结构体类型或结构体指针类型（返回值为结构体、结构体指针类型）。

8.3.1 结构体变量作为实参

用结构体变量作为实参时，采取的是值传递方式，将结构体变量所占的内存单元内容全部顺序传递给形参。形参也必须是同类型的结构体变量。在函数调用期间形参也要占用内存单元，这种传递方式在空间和时间上开销较大。另外，由于采用值传递方式，如果在被调函数中改变了形参的值，该值也不会返回主调函数，这往往造成使用上的不便。

【例 8-4】 编写程序，计算某学生的平均成绩，要求调用函数完成并使用结构体变量作为实参。

程序代码如下：

```
#include <stdio.h>
struct student
{
  char num[10];
  float s[3];
  float ave;
};
void average(struct student s)          /*形参为与实参类型相同的结构体变量*/
{
  s.ave=(s.s[0]+s.s[1]+s.s[2])/3;
  printf("%s 的平均分是:%.1f\n",s.num,s.ave);
}
main()
{
```

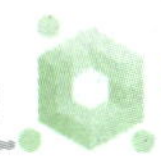

```
    struct student stu={"2022001",60,75,80};
    average(stu);                    /*结构体变量作为实参*/
    printf("%s 的平均分是:%.1f\n",stu.num,stu.ave);
}
```

程序运行结果如图 8-4 所示。

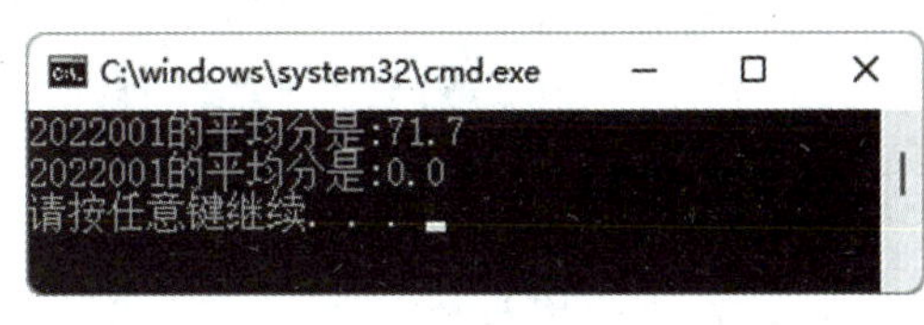

图 8-4 【例 8-4】运行结果

由【例 8-4】得出以下结论：

(1)当实参是结构体变量时，形参应与实参是相同类型的结构体变量。函数调用时实参各成员的值一一对应传到形参各成员中。

(2)分析程序运行结果不难看出，实参和形参之间的数据传递是单向的，形参的改变不能影响实参的值。在被调函数 average 中经过计算后，成员 ave 原来的值被 71.7 取代，但该形参的改变不影响实参，所以在主函数中输出实参的 ave 的值为 0.0。

8.3.2 结构体变量指针作为实参

用指向结构体变量的指针作为实参，将结构体变量的地址传给形参。

【例 8-5】 编写程序，计算某学生的平均成绩，要求调用函数完成并使用结构体变量的地址作为实参。

程序代码如下：

```
#include <stdio.h>
struct student
{
    char num[10];
    float s[3];
    float ave;
};
void average(struct student *p)
{
    p->ave=(p->s[0]+p->s[1]+p->s[2])/3;
```

```
}
main()
{
  struct student stu={"2018001",60,75,80};
  average(&stu);
  printf("%s 的平均分是:%.1f\n",stu.num,stu.ave);
}
```

程序运行结果如图 8-5 所示。

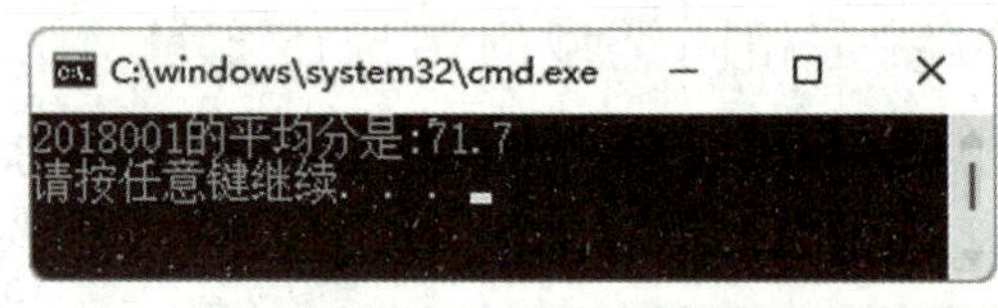

图 8-5 【例 8-5】运行结果

由【例 8-5】得出以下结论:

(1)当实参是结构体变量的地址时,形参应与实参是相同类型的结构体指针变量。函数调用时,实参的地址值传给形参中的指针变量。系统只需为形参指针开辟一个存储单元存放实参结构体变量的地址,而不必另建立一个结构体变量。这样可以减少系统操作所需的时间,提高程序的执行效率。

(2)在被调函数中可以通过引用形参的指针变量和访问主调函数中的结构体变量,即可通过函数的调用有效地修改实参结构体中成员的值。

8.3.3 结构体数组作为参数

与普通数组一样,结构数组名也可以作为实参,但是因为数组名本身是一个地址值,所以用结构体数组名作为参数时,实参与形参都应用结构体数组名或结构体指针。

【例 8-6】 编写程序,计算 N 个学生的平均成绩,要求调用函数完成操作并使用结构体数组作为实参。

程序代码如下:

```
#include <stdio.h>
#define N 3
struct student
{
  char num[10];
  float s[3],ave;
```

```
};
void average(struct student p[])
{
  int i;
  for(i=0;i<N;i++)
    p[i].ave=(p[i].s[0]+p[i].s[1]+p[i].s[2])/3;
}
main()
{
  int i;
  struct student stu[N]=
    {{"202201",60,75,80},{"202202",85,90,80},{"202203",88,75,90}};
  average(stu);
  for(i=0;i<N;i++)
  printf("%s的平均分是:%.1f\n",stu[i].num,stu[i].ave);
}
```

程序运行结果如图 8-6 所示。

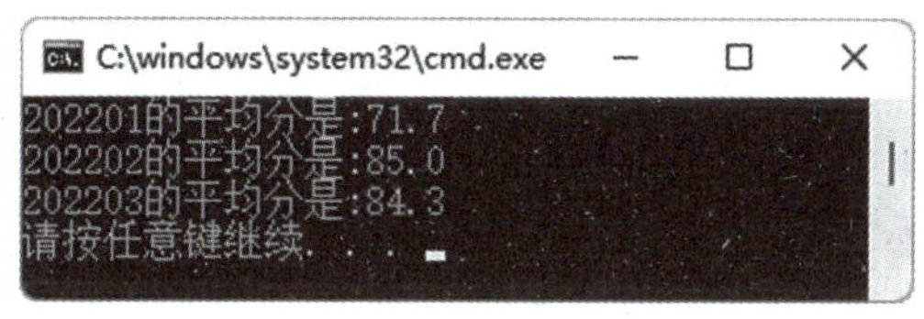

图 8-6 【例 8-6】运行结果

总结反思

本模块主要考查类型定义符 typedef、结构体与共用体。本部分属于 C 语言程序设计提高部分，要求重点掌握结构体、共用体和用户定义数据类型的概念及应用。

1. 结构体

1)结构体类型的定义

定义格式如下：

```
struct 结构体类型名
{
```

```
    数据类型 1 成员名 1;
    数据类型 2 成员名 2;
    …
    数据类型 n 成员名 n;
};
```

2)结构体变量、数组的定义

有 3 种方法可以定义结构体变量、数组:先定义结构体类型,然后定义变量、数组;同时定义结构体类型和变量、数组;定义无名称的结构体类型的同时定义变量、数组。

各成员占据连续空间的不同地址,所占内存大小等于各成员所占内存之和。

3)结构体变量、数组的初始化

例如:

```
struct student
{
    char name[10];
    int age;
}x={"chang",18},s[2]={{"hu",17},{"wang",18}};
```

4)结构体变量的引用

在程序中使用结构体变量时,往往不把它作为一个整体来使用。在 ANSI C 中,除了允许具有相同类型的结构体变量相互赋值外,其余处理均通过结构体变量的成员来实现。

2. 指针与结构体

结构体指针变量的定义形式如下:

```
struct 结构体类型名 *结构指针变量名;
```

例如:

```
struct student
{
    char name[10];
    int age;
}x, *p=&x;
```

则结构体变量 x 的成员引用有以下 3 种等价形式：

(1)x. age。

(2)(* p) . age。

(3)p->age。

习题

一、选择题

1. 设有以下枚举类型定义：

```
enum language {Basic=3,Assembly,Ada=100,COBOL,FORTRAN};
```

枚举量 Fortran 的值为(　　)。

A. 4　　B. 7　　C. 102　　D. 103

2. 下面程序的输出结果为(　　)。

```
struct st
{
  int x;
  int *y;
} *p;
int dt[4]={10,20,30,40};
struct st aa[4]={ 50,&dt[0],60,&dt[1],70,&dt[2],80,&dt[3] };
main()
{
  p=aa;
  printf("%d\n",++p->x);
  printf("%d\n",(++p)->x);
  printf("%d\n",++( *p->y));
}
```

A. 10
20
20

B. 50
60
21

C. 51
60
21

D. 60
70
31

3. 设有以下语句：

```
struct st {int n; struct st *next;};
static struct st a[3]={5,&a[1],7,&a[2],9,'\0', *p;
p=&a[0];
```

则表达式(　　)的值是 6。

A. p++->n　　B. p->n++　　C. (*p).n++　　D. ++p->n

4. 根据下面的定义,能打印出字母 M 的语句是(　　)。

A. printf("%c\n",class[3].name);

B. printf("%c\n",class[3].name[1]);

C. printf("%c\n",class[2].name[1]);

D. printf("%c\n",class[2].name[0]);

5. 若程序中有下面的说明和定义：

```
struct abc
{int x;char y;}
struct abc s1,s2;
```

则会发生的情况是(　　)。

A. 编译出错　　B. 程序将顺利编译连接运行

C. 能顺利通过编译连接但不能运行　　D. 能顺利通过编译但连接出错

6. 设有以下说明和定义：

```
typedef union{ long i;int k[5];char c; }DATE;
struct date { int cat;DATE cow;double dog; } too;
DATE max;
```

则下列语句的运行结果是(　　)。

```
printf ("%d",sizeof (struct date)+sizeof(max));
```

A. 26　　B. 30　　C. 18　　D. 8

二、编程题

1. 图书馆的图书信息包括书号、书名、作者、出版社、出版日期、定价等。试定义一个结构体类型,声明图书信息的结构体变量 book,从键盘为 book 输入数据并输出。

2. 修改本模块案例程序，设计一个简易高考成绩管理系统。

(1)编写函数 input，建立考生的信息，以结构体数组存储考生准考证号、姓名、Math(数学)、Chinese(语文)、English(英语)、Synthe(理综或文综)、Total(总分)，输入相关信息并计算学生的总分。

(2)编写函数 sort，按照总分从高到低排序。

(3)编写函数 search，按照准考证号和姓名查询。

(4)编写函数 output，输出考生排名、准考证号、姓名、所有课成绩、总分。

(5)编写主函数，设计主菜单，根据用户选择调用函数实现相关的操作。先调用函数 input，输入学生信息并计算考生考试科目的总分，调用函数 output 输出考生的信息；调用函数 sort，按总分对考试成绩排序，调用函数 output 输出考生排序后的信息；调用函数 search，输入要查询的准考证号和姓名，若查找成功，则输出考生所有信息，否则显示“查找失败”。

模块 9

文　件

到目前为止，为程序提供数据的方式有两种：一是使用赋值语句，二是根据实际需要从键盘输入，程序的运行结果也只能在显示器上显示。但对于实用的管理信息系统来说，它面对的数据信息十分庞大，仅依赖于键盘的输入和显示输出是完全不够的。大部分情况下，原始数据、中间处理数据以及结果数据都需要存档以备查阅与重复利用。通常情况下，解决问题的办法是将数据以文件的形式记录在某些介质上，利用这些介质的存储特性，可以使程序和数据分离，增加程序复用性，也可以长久保存数据。本模块将学习文件的概念、文件的读/写等操作。

9.1 文件概述

文件是程序设计中一个重要的概念，是一组相关数据的集合。如今大都把文件存储在磁盘上，因此也称为磁盘文件。操作系统是以文件为单位对数据进行管理的。为了区分不同的文件，每个文件都有一个文件名。文件的存取是按文件名进行的，当要读取文件中的数据时，必须先指出文件名及其位置，再按文件位置找到文件，然后才能读取其中的数据。当需要将一批数据保存起来时，也必须先确定保存的位置及文件名，然后才能向它输出数据。

9.1.1 文件的概念

文件通常是指存储在外部存储介质上的数据的集合。在C语言程序设计中，按文件的内容可以将其分为两类：程序文件和数据文件。存储程序代码的文件称为程序文件，存储数据的文件称为数据文件。

1. 文件的读和写

在程序中，当调用输入函数从外部文件中输入数据赋给程序中的变量时，这种操作称为“输入”或“读”；当调用输出函数把程序中变量的值输出到外部文件中时，这种操作称为“输出”或“写”。

2. 流式文件

“流”可以解释为流动的数据及其来源和去向，并将文件看成承载数据流动所产生的结果的媒介。而对文件的读/写就看成是在“文件流”中取出或存入数据。在C语言中，对于输入和输出的数据都按数据流的形式进行处理。

3. 文本文件和二进制文件

文本文件也称为ASCII文件，是一种字符流文件。当输出时，数据转换成一串字符，每个字符以其ASCII码的形式存储到文件中，一个字符占一字节。文本文件的结束标志在头文件“stdio. h”中定义为EOF(值为-1)，可对其进行检测。文本文件的优点是可以用各种文本编辑器直接阅读，但文本文件占用存储空间较多，计算机进行数据处理时需要转换为二进制形式，程序效率比较低。

二进制文件是把内存中的数据按其在内存中的存储形式存放到磁盘上，是一种二进制流文件。二进制文件占用存储空间少，数据可以不必转换直接在程序中使用，程序执行效率高。

文本文件和二进制文件不是用后缀来确定的，而是以内容来确定的，但是文件后缀往往隐含其类别，如“ *. txt”代表文本文件，“ *. doc”“ *. bmp”“ *. exe”一般是二进制文件。

4. 顺序存取文件和随机存取文件

顺序存取文件的特点是：每当打开此类文件进行读/写操作时，总是从文件的开头开始，从头到尾顺序地读或写。

直接存取文件又称为随机存取文件，其特点是：可以通过调用C语言的库函数指定开始读或写的字节号，然后直接对此位置上的数据进行读，或把数据写到此位置上。

5. 缓冲区文件

ANSI标准规定，在对文件进行输入或输出时，系统将为输入或输出文件开辟缓冲区。缓冲区是系统在内存中为各文件开辟的一片存储区。当对某个文件进行输出时，系统首先把输出的数据填入为该文件开辟的缓冲区内，当缓冲区被填满时，就把缓冲区的内容一次性地输出到对应文件中；当从某个文件输入数据时，将从输入文件中输入一批数据放入该文件的缓冲区中，输入数据将从缓冲区中依次读取数据，当该缓冲区中的数据被读完时，将再从输入文件中输入一批数据放入。这种方式使得读、写操作不必频繁地访问外设，从而提高了读/写操作速度。

9.1.2 文件指针

在缓冲文件系统中，关键的概念是文件指针，每个被使用的文件都在内存中开辟一个区，用来存放文件的有关信息(如文件的名字、文件状态和文件当前位置等)。文件指针实际上是指向一个结构体类型的指针。在头文件“stdio. h”中，通过typedef把此结构体定义为FILE，用于存放文件当前的有关信息。程序使用一个文件，系统就为此文件开辟一个FILE类型变量。程序使用几个文件，系统就开辟几个FILE类型变量，以存放各个文件的相关信息。

通常对FILE结构体的访问是通过FILE类型指针变量(文件指针)完成的，文件指针变量指向文件类型变量，简单地说，文件指针指向文件。

定义文件指针变量的一般形式如下：

```
FILE *指针变量名;
```

例如：

```
FILE *fp1, *fp2;
```

事实上只需要使用文件指针完成文件的操作，根本不必关心文件类型变量的内容。在打开一个文件后，系统开辟一个文件变量并返回此文件的文件指针，将此文件指针保存在一个文件指针变量中，以后所有对文件的操作都通过此文件指针变量完成，直到关闭文件，释放文件指针指向的文件类型变量。

9.2 文件的基本操作

在C语言中，对文件的基本操作包括文件的建立、文件的打开与关闭、文件的读和写等。由于输入/输出函数的信息包含在头文件<stdio. h>中，在使用输入/输出函数时，首先要在程序的开头包含头文件<stdio. h>。

9.2.1 文件的打开和关闭

1. 文件的打开

文件打开后才能进行操作，文件打开通过调用 fopen 函数来实现。

调用 fopen 函数的格式如下：

```
FILE *fp;
fp=fopen("文件名","文件操作方式");
```

例如：

```
FILE *fp;
fp=fopen("d:\\a1.txt","r");
```

表示要打开“d:\a1.txt”文件，使用文件方式为“读入”，fopen 函数带回指向 a1 文件的指针并赋给 fp，这样 fp 就与 a1 建立起了联系，或者说 fp 指向 a1 文件。

文件操作方式说明如下：

(1)r 方式，为读而打开文本文件。只能从文件读数据而不能向文件写入数据。该方式要求要打开的文件已经存在。

(2)rb 方式，为读而打开二进制文件。其余功能与 r 同。

(3)w 方式，为写而打开文本文件。只能向文件写入数据而不能从文件读数据。如果文件不存在，则创建文件，如果文件存在，则原文件被删除，重新创建文件(覆盖原文件)。

(4)wb 方式，为写而打开二进制文件，可以在指定位置进行写操作，其余功能与 w 同。

(5)a 方式，为在文件后面添加数据而打开文本文件。如果指定文件不存在，系统将用在 fopen 调用中指定的文件名建立一个新文件；如果指定文件已存在，则文件中原有的内容将保存，新的数据写在原有内容之后。

(6)ab 方式，为在文件后面添加数据而打开二进制文件。其余功能与 a 同。

(7)r+方式，为读/写而打开文本文件。用这种方式时，指定的文件应当已经存在，既可以对该文件进行读，也可对该文件进行写。只是对于文本文件来说，读和写总是从文件的起始位置开始。在写新的数据时，只覆盖新数据所占的空间，其后的原数据并不丢失。

(8)rb+方式，为读/写而打开二进制文件。功能与 r+同，只是在读和写时，可以由位置函数设置读和写的起始位置，即不一定从文件的起始位置开始读和写。

(9)w+方式，以读/写方式打开一个文本文件。如果文件不存在，则建立新文件，这时应该先向文件写入数据，然后才可以读出数据。如果文件已经存在，新写入的数据将取代原有的内容。

(10)wb+方式，功能与 w+相同，只是在随后的读和写时，可以由位置函数设置读和写的起始位置。

(11)a+方式，功能与 a 相同，只是在文件尾部添加新的数据后，可以从头开始读。

(12)ab+方式，功能与 a+相同，只是在文件尾部添加新的数据后，可以由位置函数设置开始新的起始位置。

无论哪种文件操作方式，函数都返回一个 FILE 类型的指针。如果文件打开正确，fopen 函数的返回值就是文件在内存中的起始地址，若将该地址赋给文件指针 fp，则在打开文件和文件指针 fp 之间建立起了联系，此后对文件的操作就可以通过文件指针进行，而不再使用文件名。如果文件没有被成功打开，那么函数将返回 NULL。

为确保文件操作的正常进行，有必要在程序中检测文件是否正常打开。常用下面的程序段来打开一个文件，并检查是否打开成功：

```
FILE *fp;
if((fp=fopen("d:\\user\\text1.txt","r"))==NULL)
{
  printf("file can not open! \n");
  exit(1);
}
```

该程序段调用了 fopen 函数，以只读的方式打开文件“d:\user\test1. txt”。打开后，将其返回值赋给 fp。如果打开失败，则输出信息“file can not open!”，然后调用函数 exit，终止程序运行。exit 函数也定义在头文件＜stdio. h＞中。如果打开成功，fp 就指向该文件，就可以通过 fp 对文件进行相应的操作。

打开文件后，文件内部指针指向文件中的第 1 个数据，当读取了它所指向的数据后，指针会自动指向下一个数据。当向文件写入数据时，写完后指针也自动指向下一个要写入数据的位置。

2. 文件的关闭

文件使用完毕后必须关闭，养成在程序终止前关闭所有文件的习惯，以避免数据丢失。关闭文件可调用函数 fclose 来实现。

fclose 函数的格式如下：

```
fclose(文件指针);
```

例如：

```
fclose(fp);
```

当文件成功关闭时，函数返回 0，否则返回非 0。

9.2.2 字符读/写函数

1. 写字符函数 fputc

写字符函数 fputc 实现向指定的文本文件写入一个字符的操作。

调用写字符函数 fputc 的格式如下：

```
fputc(要输出的字符,文件指针);
```

其中，“要输出的字符”就是要往文件中写入的字符，它可以是一个字符常量，也可以是字符变量。“文件指针”是接收字符的文件。若输出成功，则函数返回输出的字符，否则返回 EOF(−1)。每次写入一个字符，文件位置指针自动指向下一个字节。

【例 9-1】 从键盘输入一个字符串，将其保存到“d:\shixun\text1.txt”中。

程序代码如下：

```
#include <stdio.h>
#include <stdlib.h>
main()
{
  FILE *fp;
  int k;
  char str[81];
  gets(str);
```

```
    if((fp=fopen("d:\\shixun\\text1.txt","w"))==NULL)
    {
      printf("file can not open! \n");
      exit(1);
    }
    for(k=0;str[k]! ='\0';k++)
    fputc(str[k],fp);
    fclose(fp);
}
```

2. 读字符函数 fgetc

读字符函数 fgetc 用于从指定的文本文件中读取一个字符。

调用 fgetc 函数的格式如下：

```
fgetc(文件指针);
```

函数返回值为输入的字符，若遇到文件结束或出错，则返回 EOF(−1)。

关于读字符函数说明如下：

(1)每次读入一个字符，文件位置指针自动指向下一个字节。

(2)文本文件的内部全部是 ASCII 字符，其值不可能是 EOF(−1)，所以可以使用 EOF(−1)确定文件结束；但是对于二进制文件不能这样做，因为可能在文件中间某字节的值恰好等于−1，此时使用−1 判断文件结束是不恰当的。为了解决这个问题，ANSI C 提供了 feof(fp)函数来判断文件是否真正结束。

【例 9-2】 将【例 9-1】保存到“text1.txt”中的内容读出并显示。

程序代码如下：

```
#include <stdio.h>
#include <stdlib.h>
main()
{
  FILE *fp;
  char ch;
  if((fp=fopen("d:\\shixun\text1.txt ","r"))==NULL)
  {
```

```
        printf("file can not open! \n");
        exit(1);
    }
    while(!feof(fp))
    {
        ch=fgetc(fp);
        putchar(ch);
    }
    fclose(fp);
}
```

9.2.3 数据块读/写函数

fgetc 函数和 fputc 函数可以用来读/写文件中的一个字符，但是常常要求一次读入一组数据，如从文件(特别是二进制文件)读/写一块数据(如数组中的元素或结构体变量的数据等)，这时使用数据块读/写函数非常方便。

调用数据块读/写函数的语法格式如下：

```
int fread(void *buffer,int size,int count,FILE *fp);
int fwrite(void *buffer,int size,int count,FILE *fp);
```

其中：

(1)buffer 是指针，对 fread 是用于存放读入数据的首地址，对 fwrite 是要输出数据的首地址。

(2)size 是一个数据块的字节数(每块大小)，count 是要读/写的数据块块数。

(3)fp 是文件指针。

(4)fread、fwrite 返回读取/写入的数据块块数(正常情况=count)。

(5)以数据块方式读/写，文件通常以二进制方式打开。

例如，如果有一个如下定义的结构体类型：

```
struct student
{
    char num[10];
    char name[20];
```

```
    char sex;
    float score;
    char addr[30];
}stud[40];
```

结构体数组 stud 有 40 个元素，每个元素存放一个学生的信息。假设学生的数据已经存放在磁盘文件中，可以用以下 fread 函数读入 40 个学生的数据：

```
fread(stud,sizeof(struct student),40,fp);
```

【例 9-3】 把数组中的 10 个数据写入二进制文件“d:\shixun\text3.dat”中，然后读出并显示在屏幕上。

程序代码如下：

```
#include <stdio.h>
#include <stdlib.h>
#include <conio.h>
main()
{
  FILE *fp;
  int a[10]={1,2,3,4,5,6,7,8,9,10},b[10],i;
  if((fp=fopen("d:\\shixun\\text3.dat","wb"))==NULL)
  {
    printf("file can not open! \n");
    exit(1);
  }
  fwrite(a,sizeof(int),10,fp);
  fclose(fp);
  if((fp=fopen("d:\\shixun\\text3.dat","rb"))==NULL)
  {
    printf("file can not open! \n");
    exit(1);
  }
  fread(b,sizeof(int),10,fp);
```

```
    fclose(fp);
    printf("\n");
    for(i=0;i<10;i++)
      printf(" %d ",b[i]);
    getch();
}
```

9.2.4 其他读/写函数

1. 字符串读/写函数

1)写字符串函数

写字符串函数 fputs 用于将一个字符串写入指定的文本文件中。

fputs 函数的调用格式如下:

```
fputs(字符串,文件指针);
```

例如,“fputs("China",fp);”将字符串“China”写到 fp 所指的文件中。fputs 函数中第一个参数可以是字符串常量、字符数组名或字符型指针,字符串末尾的 '\0' 不写进去。若成功,则函数值为 0,否则函数值为 EOF。

2)读字符串函数 fgets

读字符串函数 fgets 用于从指向的文本文件中读取字符串。

fgets 函数的调用格式如下:

```
fgets(字符指针,输入字符个数,文件指针);
```

例如,“fgets(str,n,fp);”从文件指针 fp 所指向的文件中一次最多读取 n−1 个字符,并将这些字符放到以 str 为起始地址的单元中。如果在读入 n−1 个字符结束前遇到换行符或 EOF,读入结束。字符串读入后最后加一个 '\0' 字符。fgets 函数的返回值为 str 的首地址。

2. 格式读/写函数

格式读/写函数 fscanf()、fprintf()与 scanf()、printf()函数的功能相似,都是格式化读/写函数。格式读/写函数是从文件中读取指定格式的数据或把指定格式的数据写入文件。因此,这是按数据格式要求的形式进行的文件输入/输出。

函数的调用形式如下：

```
fscanf(文件指针,格式控制字符串,输入地址表列);
fprintf(文件指针,格式控制字符串,输出表列);
```

例如，若文件指针 fp 已指向一个已打开的文本文件，a、b 为整型变量，则以下语句实现从 fp 所指的文件中读入两个整数并放入变量 a 和 b 中：

```
fscanf(fp,"%d%d",&a,&b);
```

同样地，若文件指针 fp 已指向一个已打开的文本文件，x、y 分别为整型变量，则以下语句实现把 x 和 y 中的数据按%d 格式输出到 fp 所指的文件中：

```
fprintf(fp,"%d%d",x,y);
```

9.3 文件定位函数

前面介绍的对文件的读/写方式都是顺序读/写，即读/写文件只能从头开始，顺序读/写数据。但在实际问题中常常要求只读/写文件中的某一指定部分。为了解决这个问题，可移动文件指针到需要读/写的位置，再进行读/写。文件定位当前的读/写位置的函数有两个，即 rewind 函数和 fseek 函数。

9.3.1 rewind 函数

rewind 函数用于使文件位置指针重返文件的开头。其调用格式如下：

```
rewind(文件指针);
```

【例 9-4】 有一个文本文件，第一次使它显示在屏幕上，第二次把它复制到另外一个文件中。

程序代码如下：

```
#include <stdio.h>
main()
{
```

```
FILE *fp1,*fp2;
fp1=fopen("string1.txt","r");
fp2=fopen("string2.txt","w");
while(! feof(fp1))putchar(getc(fp1));
rewind(fp1);
while(!feof(fp1))
putc(getc(fp1),fp2);
fcloseall();                    /* 关闭所有文件 */
}
```

9.3.2 fseek 函数

fseek 函数用于移动文件读/写文件指针，以便随机读/写，一般用于二进制文件。其语法格式如下：

```
fseek(FILE *fp,long offset,int whence);
```

其中：

(1)fp 是文件指针。

(2)offset 是以字节为单位的偏移量。从计算起始点开始再偏移 offset，得到新的文件指针位置。offset 为正，向后偏移；offset 为负，向前偏移。

(3)whence 用于计算起始点(计算基准)。计算基准如表 9-1 所示。

表 9-1 起始点的取值表

符号常量	值	含 义
SEEK_SET	0	文件首
SEEK_CUR	1	文件指针当前位置
SEEK_END	2	文件尾

【例 9-5】 编程，读出文件“student.dat”中第三个学生的数据。

程序代码如下：

```
#include <stdio.h>
#include <stdlib.h>
struct student
{
```

```
    int num;
    char name[20];
    char sex;
    int age;
    float score;
  }
  main()
  {
    struct student stud;
    FILE *fp;
    int i=2;
    if((fp=fopen("student.dat","rb"))==NULL)
    {
      printf("can't open file stud.dat\n");
      exit(1);
    }
    fseek(fp,i*sizeof(struct student),SEEK_SET);  /* 定位第 3 个记录 */
    if(fread(&stud,sizeof(struct student),1,fp)==1)/* 将 1 个记录读出 */
    {
      printf("%d,%s,%c,%d,%f\n",stud.num,stud.name,stud.sex,
          stud.age,stud.score);
    }
    else
      printf("record 3 does not presented.\n");
    fclose(fp);
  }
```

总结反思

本模块主要考查文件打开与关闭、文件读/写、文件定位等。此部分知识属于 C 语言程序设计提高部分，相对较难。应该理解性地掌握文件的读/写操作。另外，对于文件的定位也不能忽视。

1. 文件的打开与关闭

C 语言规定，对文件读/写之前应该打开，在使用结束之后应该关闭。

用 fopen 函数打开一个文件，其一般调用格式为

```
文件指针名=fopen(文件名,使用文件方式);
```

其中，“文件指针名”必须是用 FILE 类型定义的指针变量；“文件名”是被打开文件的文件名字符串常量或该串的首地址值；“使用文件方式”是指文件的类型和操作要求，通常有“r”“w”“a”“rb”“wb”“ab”“r+”“w+”“a+”“rb+”“wb+”“ab+”等字符串，应熟悉每个字符串代表的意义。

注意书写“文件名字符串”时，常常要描述文件路径，其中的反斜杠必须用“\\”表示。

打开文件后，文件内部指针指向文件中的第 1 个数据，当读取了它所指向的数据后，指针会自动指向下一个数据。当向文件写入数据时，写完后指针也自动指向下一个要写入数据的位置。

2. 文件的读写

1)fgetc 函数和 fputc 函数

fgetc 函数是从指定的文件中读出一个字符，其一般调用格式为

```
ch= fgetc(fp);
```

fputc 函数是把一个字符写到文件中去，其一般调用格式为

```
fputc(ch,fp);
```

2)fread 函数和 fwrite 函数

fread 函数用来一次读入一组数据，fwite 函数用来一次向文件中写一组数据。调用格式为

```
fread(buffer,size,count,fp);
fwrite(buffer,size,count,fp);
```

其中，buffer 是一个指针，在 fread 函数中，它表示存放数据的首地址；在 fwrite 函数中，它表示输出数据的首地址。size 表示数据块的字节数。count 表示要读/写的数据块的块数。fp 则是文件指针。

3. 文件的定位

移动文件内部位置指针的函数主要有两个，即 rewind 函数和 fseek 函数。rewind 函数的功能是把文件内部的位置指针移到文件首。fseek 函数可以改变文件位置的指针。调用格式为

```
rewind(文件指针);
fseek (文件指针,位移量,起始点);
```

其中,“位移量”表示移动的字节数,要求位移量是 long 型数据,以便在文件长度大于 64 KB 时不会出错。“起始点”表示从何处开始计算位移量,规定的起始点有 3 种:文件首(SEEK_SET,值为 0)、文件指针当前位置(SEEK_CUR,值为 1)和文件尾(SEEK_END,值为 2)。

习题

一、选择题

1. 标准函数 fgets(s,n,f) 的功能是(　　)。

A. 从文件 f 中读取长度为 n 的字符串存入指针 s 所指的内存

B. 从文件 f 中读取长度不超过 n－1 的字符串存入指针 s 所指的内存

C. 从文件 f 中读取 n 个字符串存入指针 s 所指的内存

D. 从文件 f 中读取长度为 n-1 的字符串存入指针 s 所指的内存

2. 若 fp 是指向某文件的指针,且已读到该文件的末尾,则 C 语言函数 feof(fp) 的返回值是(　　)。

A. EOF　　　B. －1　　　C. 非零值　　　D. NULL

3. 设 fp 已定义,执行语句“fp＝fopen("file","w");”后,以下针对文本文件 file 操作叙述的选项中正确的是(　　)。

A. 写操作结束后可以从头开始读　　B. 只能写不能读

C. 可以在原有内容后追加写　　D. 可以随意读和写

4. 使用 fopen 函数打开一个文件时,读写指针(　　)。

A. 一定在文件首　　B. 一定在文件尾

C. 不确定　　D. 可能在文件首,也可能在文件尾

5. 若 fp 是指向某文件的指针，且已读到文件末尾，则库函数 feof(fp)的返回值是(　　)。

A. EOF　　B. −1　　C. 非零值　　D. NULL

二、编程题

1. 编写程序，从键盘上输入一行字符，形成一个名为“text. dat”的文件，存于指定的目录下。

2. 在一个文本文件中有若干句子，要求将它读入内存，然后在输出到另一个文件时使一个句子单独为一行。

3. 将 10 名职工的信息从键盘输入，送入文件“workers. rec”中保存，然后从文件中输出职工信息。设职工信息包括工号、姓名、性别、年龄和工资。

4. 修改本模块案例程序，设计一个高考成绩管理系统，学生信息增加准考证号。

(1)修改 search 函数，查询条件增加验证准考证号，在排序后的文件中折半查找。

(2)添加两个输出模块，分别实现录入数据后结果显示及排序后结果显示。

参考文献 References

[1] 程立倩,曹振丽. C语言程序设计案例教程[M]. 2版. 北京:北京邮电大学出版社,2018.

[2] 李丹程,刘莹,那俊. C语言程序设计案例实践[M]. 2版. 北京:清华大学出版社,2017.

[3] 苏小红,赵玲玲,孙志岗,等. C语言程序设计[M]. 4版. 北京:高等教育出版社,2019.

[4] 王瑞红. C语言程序设计项目教程[M]. 2版. 北京:机械工业出版社,2021.

[5] 任志鸿,徐广宇. C语言程序设计实践教程[M]. 北京:清华大学出版社,2017.